Evolution als Verständnisprinzip

Evolution als Verständnisprinzip

in Kosmos, Mensch und Natur

Herausgegeben von Wolfgang Schad
Mit Beiträgen von Ruth und Jürgen Ewertowski,
Manfred Krüger, Wolfgang Schad, Jost Schieren,
Thomas Schmidt und Arnold Suckau

Verlag Freies Geistesleben

1. Auflage 2009

Verlag Freies Geistesleben
Landhausstraße 82, 70190 Stuttgart
Internet: www.geistesleben.com

ISBN 978-3-7725-1809-6

Umschlagfoto: John Reader / SPL / Agentur Focus
Druck: CPI – Clausen & Bosse, Leck

Inhalt

Zum Einband 6

Vorwort 7

Wolfgang Schad: Das Aufwachen der Bewusstseinsseele 9

Jost Schieren: Goethes Perspektive der Entwicklung 52

Ruth Ewertowski: Das Drama der Entwicklung 79

Jörg Ewertowski: Die Gottesentwicklung 107

Arnold Suckau: «Evolution in Gott?» 126

Manfred Krüger: Wiederverkörperung als christliche Entwicklungsidee 139

Thomas Schmidt: Eine «Brücke» zwischen den Vorstellungen von der Evolution des Universums durch die Astrophysik und die Anthroposophie 166

Wolfgang Schad: Darwinismus – was ist das? 223

Autorennotizen 255

Zum Foto des Schutzumschlags: Zwischen dem Eyasi-See und der Serengeti im nördlichen Tansania / Ostafrika liegt das Pori, die Dornbuschsteppe von Laetoli – der Name einer dort in der Regenzeit blühenden roten Lilie (Haemanthus) in der Sprache der dort nomadisierenden Massai. Der Einband zeigt die dort von 1976 bis 1978 aufgedeckten ältesten je gefundenen Fußspuren der Menschheit, vor 3,6 Millionen Jahren eingetreten in den Aschentuff des benachbarten Vulkans Sadiman. Es sind drei parallel laufende Spuren: eine Reihe kleiner und zwei im Gänsemarsch übereinandergetretene größere Fußabdrücke mit gutem Fußgewölbe und angelegten Großzehen, wie er nur aufrecht gehenden Menschen zukommt. Nach der Größe der Abdrücke müssen es ca. 1,20 und 1,40 Meter große Vormenschen lange vor allen Eiszeiten aus der Pliozän-Epoche des Tertiärs gewesen sein. Deutlich ist abzulesen, dass die rechten Erwachsenenspuren mit relativ kurzen Schritten rücksichtsvoll dahergingen, während der Halbwüchsige in für seine Verhältnisse weiten Schritten genau den gleichen Gehrhythmus einhielt: Nachahmung der vertrauten Eltern in dieser Zeit der frühen Menschheitsevolution – ein Dokument ersten Ranges.

Genaue Ausmessungen ergaben, dass die kleinfüßige Spur leicht nach außen gekippte Kanten zeigt, aber nur an den linken Fußabdrücken. Das spricht dafür, dass das wohl schon recht große Kind, eingehängt am Arm eines der Erwachsenen, sich nach außen lehnte – ein sprechender Vorgang der sozialen Verbundenheit.

Auch viele Klein- und Großtiere haben in der gleichen versteinerten Schicht ihre Abdrücke hinterlassen, so rechts unten im Bild eine Hasenart. Mary Leakey (1913–1996), die Ausgräberin, bezeichnete diese Freilegung als die bedeutendste Entdeckung ihres langen Forscherlebens. Die Abdrücke bringen uns menschlich nah ins Bild, wie Schritt für Schritt die Evolution weitergeht.

W. S.

Vorwort

Vom 14. bis 16. September 2007 fand im Rudolf Steiner-Haus in Stuttgart ein Symposion zum anthroposophischen Umgang mit dem Denken in Evolution unter dem Titel statt, den dieser Band trägt. Die Mehrzahl der damaligen Vorträge finden sich in ihm, vermehrt durch dankenswerterweise zusätzlich zur Verfügung gestellte Beiträge von Arnold Suckau und Thomas Schmidt. Den Anstoß gab der Rudolf Steiner-Fonds für wissenschaftliche Forschung/Nürnberg, der damit eine alte Tradition aus den siebziger Jahren wieder aufgriff, als es um die Themen der Herztätigkeit und der Nervenorganisation ging. Diesmal wurde verstärkter Wert auf die geistesgeschichtlichen und damit auch die wissenschaftsgeschichtlichen Grundlagen des Entwicklungsdenkens gelegt. Stammt doch von Rudolf Steiner der Hinweis, dass alle Denkformen, die wir heute betätigen, sich bei Aristoteles nicht nur schon finden, sondern er sie sogar in seinen logischen Schriften bereits reflektiert und beschrieben hat – mit einer Ausnahme: das Denken in Entwicklung. Es ist erst eine Errungenschaft der letzten dreihundert Jahre und macht die gewaltige Dynamik der Moderne aus. Erst wenn unser Denken und Verstehen in seinen Inhalten und noch mehr in seinen methodischen Paradigmen selbst zu Metamorphosen bereit ist, wird es mit der noch sehr viel gewaltigeren Dynamik des Weltgeschehens mithalten können und weltvertraut werden.

Der Herausgeber

Wolfgang Schad

Das Aufwachen der Bewusstseinsseele

Die Bewusstseinsseele auszubilden, ist die Aufgabe der Moderne. Gerade gut fünfhundert Jahre ist die Neuzeit alt. Über anderthalb Jahrtausende stehen dieser fünften Kulturepoche noch bevor. Was ist bisher schon geschehen? Sieht man sich in den heutigen, sich für fortschrittlich haltenden, technologisch entwickelten Zivilisationsräumen um, so dominiert die rationale Verstandeskultur. Die kognitiven Fähigkeiten sind schon im Kindergarten gefragt. Und wozu nimmt man die kalt-nüchternen Anforderungen des Rationalismus überhaupt auf sich? Um sich im Übrigen das Leben in der verbleibenden Freizeitgesellschaft so bequem und gemütlich wie möglich zu machen. Die Fähigkeiten der Verstandes- und Gemütsseele haben wir heute relativ rasch im Griff. Wir kennen und können sie so gut, weil sie über die zweitausend Jahre der vorausgegangenen vierten Kulturepoche hin entdeckt, geschult und mit viel Einsatz als das damals Neue erworben wurden. Jetzt fallen uns der logische Verstand und, als die Erholung davon, die Gemütswärme erstaunlich leicht zu. Nicht so die Bewusstseinsseele: Sie muss jetzt mit aller Anstrengung des Ungewohnt-Neuen immer noch entdeckt und entwickelt werden.

Die Entdeckung der Verstandesseele bezeichnet die heutige Kulturgeschichte als das Erwachen des abendländischen Geistes in Griechenland. Die ersten Naturphilosophen entdeckten überrascht und erfreut die Möglichkeit zur Verallgemeinerung. Den unübersehbaren Reichtum der Welt konnte man plötzlich in wenige oder gar nur in einen Begriff packen:

«Alles ist aus dem Wasser entstanden» (Thales). «Alles ist aus der Luft entstanden» (Anaximenes). «Der Streit ist der Vater aller Dinge» (Heraklit). «Die Welt besteht aus unteilbaren kleinsten Teilchen» (Demokrit). Jetzt fand man begeistert die geistige Beherrschung der Sinneswelt im *Denken*. Seine Gesetze sind sogar ewig und unveränderlich! So die geometrischen Sätze eines Thales oder Pythagoras. Auf sie ist Verlass. Die Wahrnehmungen hingegen bieten nur Werden und Vergehen. Auf das Vergängliche ist kein Verlass. Hingegen: «Denn dasselbe ist Denken und Sein.» Diesen charakteristischen Satz des vorsokratischen Philosophen Parmenides aus Elea in Unteritalien bezeichnete Steiner jedoch als eine Entwicklungskrankheit, die der europäischen Geistesgeschichte damals von der Eleatenschule eingeimpft worden ist (GA 6:25).

Sokrates sprach jeden Athener, den er auf der Agora traf, auf sein begriffliches Denken an. Plato sah das Denken als eine retrospektive Erinnerung an die Ideenwelt, in der jeder Mensch vor der Geburt lebte und während des hiesigen Lebens im Denken noch daran teilnimmt. Seine Ideenwelt ist das reine Gewebe sich gegenseitig tragender Zusammenhänge, die alle Einzelheiten der Welt zu einem vollkommenen Ideenkosmos verbinden. Aristoteles wollte dem Denken Sicherheit geben durch die Beschreibung in sich konsequenter Denkverfahren: der Syllogismen von Begriff, Urteil und Schluss. Und von diesen Entdeckungen und Absicherungen, so wie sie uns überliefert wurden, zehrten die folgenden zwei Jahrtausende bis in unsere Tage.

Gleichzeitig reisten die Sophisten durchs Land und machten sich anheischig, zu jeder gedanklichen Aussage das Gegenteil beweisen zu können. Ihr Anliegen war, die Unruhe des Zweifels in der Seele, die das wahrheitssuchende Denken ja immer mit sich bringt, abzuschaffen, um die völlige Seelenruhe zu gewinnen. Sie benutzten ihr Denken sophistisch, um den erwachenden Verstand abzuschaffen und das Glück des beruhigten Gemütes zu leben.

Entsprechend gab das astronomische Weltbild vollkommene Ordnung und Sicherheit. Die ruhende Erde gibt Standsicherheit. Die Sternenwelt ist von Göttern beseelt, denn diese vollkommenen Wesen bewegen sich auf den vollkommensten Bahnen der Geometrie: auf Kreisen, die auf Kugelschalen liegen – so alle Planeten. Auf der äußersten Kugelschale kreisen in ewiger Unveränderlichkeit die danach benannten Fixsterne. Welches Grundvertrauen, welche Sicherheit und Geborgenheit gab diese völlig geordnete Welt! Der Grieche bezeichnete sie deshalb als «Kosmos», was wörtlich Schönheit, eben vollkommene Ordnung, heißt, wovon die «Kosmetik» noch der letzte Sprachrest ist. Und wenn der Mensch nicht mehr weiterwusste, konnte er sich in allen drei abrahamitischen Religionen an den allmächtigen, allwissenden und allgütigen Gott wenden, bei dem noch der mittelalterliche Mensch im Glauben sichere Zuflucht fand. Wie in der Antike die Verstandeskräfte erwachten und erprobt wurden, so wuchsen im Mittelalter die Gemütskräfte in veredelter Weise heran.

Im Hochmittelalter wurden nun von den großen Denkern der Scholastik über die seit der Kreuzfahrerzeit eingedrungenen Philosopheme des Arabismus die Hochleistungen des griechischen Denkens übernommen. Nun waren Denken und Glauben zu vereinigen. Das war das Lebensanliegen des großen Aquinaten. Thomas von Aquino versuchte, nicht mehr den Glauben gegen das Denken auszuspielen, denn im Denken erlebte er selbst ein göttliches Geschenk an den Menschen. So wandte er sich um 1250 erstmals dagegen, Gott gerade dann anzurufen, wenn der Mensch mit dem Denken nicht mehr weiterweiß. Es sei ein Missbrauch Gottes, ihn als Zuflucht unseres Nichtwissens zu benutzen: Gott ist kein *asylum ignorantiae*.

Man muss sich klarmachen, was das für den im gesicherten Glauben verankerten Menschen von nun an bedeutete. Gott war kein Grund mehr, sein Denken nicht zu benutzen. Das Denkgeschäft aber bedeutet immer auch, die eigene Standpunktsicherheit infrage zu stellen: ein seelisch schmerzlicher Prozess, der die bisherige Schutzhülle des Gefühls der Geborgenheit durchstößt.

Nicht anders war es bei dem nächsten großen Denker im ausgehenden Mittelalter, bei Nikolaus Cusanus. Er äußerte 1440 in seinem Werk *De docta ignorantia* (*Über die gelehrte Unwissenheit*) die Überzeugung, dass die Erde nicht ruht, sondern im Kosmos in Bewegung ist, ohne schon die Heliozentrik zu vertreten:

«Da die Erde also nicht Mittelpunkt sein kann, kann sie auch nicht ohne jede Bewegung sein. [...] Wie die Erde nicht Mittelpunkt ist, so ist auch nicht die Fixsternsphäre ihr Umkreis.» (Aus Meffert 2001:29/30)

Wir sind heute diese Auffassung so gewohnt, dass wir kaum noch nachvollziehen können, welche gewaltige Verunsicherung des allgemeinen Lebensgefühles eine solche Vorstellung für die europäische Menschheit bedeutete. Und bei näherem Zusehen haben wir auch heute noch immer das selbstverständliche Gefühl, dass der Boden unter unseren Füßen verlässlich ruht. Man mache aber einmal das Selbstexperiment, das der junge amerikanische Astronom Brian Swimme in seinem Buch *Das verborgene Herz des Kosmos* (1997) empfiehlt: Man lege sich in klarer mondloser Nacht auf den Rücken unter den Fixsternhimmel und freue sich an der lichtbesäten Himmelskuppel über sich. Dann aber realisiere man im Existenzgefühl, was man sonst nur denkt: nämlich dass es im Kosmos gar kein Oben und Unten gibt und deshalb beides nach Belieben austauschbar ist. Also man erlebe den Himmel so, dass man z.B. an der Unterseite der Erde klebt, weil allein von ihrer Anziehungskraft festgehalten, und sage sich, dass man nicht nach oben, sondern nach unten in die Unermesslichkeit der Milchstraße blickt. Wer es realiter versucht, wird Furcht und Schrecken erleben davor, dass er in die unendlichen Tiefen des Sternenraumes herabstürzen könnte, auch wenn der eigene Kopf es einem ausreden wird. Es wird ihm so schwindlig werden, dass er flugs sich wieder in sein geozentrisches Lebensgefühl flüchten wird, um sich seelisch aufrechtzuhalten.

1542 erschien das Hauptwerk von Nikolaus Kopernikus, nach welchem die Erde um die Sonne kreist und dabei sich 365-mal um sich selbst dreht. Das heißt ja: Wer am Äquator in scheinbarer Ruhe steht, bewegt sich mit 40.000 km pro 24 Stunden, das sind 1.600 km pro Stunde, bei der Erdumdrehung mit, die Sonnenumkreisung der Erde noch abgerechnet. Aber Kopernikus erbrachte damit noch keineswegs die eigentliche Revolution des bisherigen Weltbildes. Er wollte nur die komplizierten Epizykel-Berechnungen des Ptolemäischen Systems durch die Mittelstellung der Sonne rechnerisch vereinfachen und ließ die Planeten und die Fixsterne weiterhin auf Kugelsphären kreisen.

Den eigentlichen Durchbruch brachte Johannes Kepler, als er 1609 entdeckte, dass die Planeten sich nicht in göttlich-unveränderlicher Gleichförmigkeit auf Kreisbahnen bewegen, sondern in ungleichförmigen Bewegungen auf Ellipsenbahnen. Damit konnten sie nach antiker Anschauung nicht mehr «Fahrzeuge» der Götter sein. Kepler war sich sofort der vollzogenen Entgöttlichung des Kosmos bewusst und hat darüber heiße Tränen vergossen. Hier gab es keine freudige Entdeckung zu feiern, sondern ein welthistorischer Schmerz war auszuhalten: Es herrscht nicht mehr die ideale Weltenordnung.

1698 erschien von Gottfried Wilhelm Leibniz ein Büchlein über die Erde, *Protogaea*, worin er seine geologischen Erfahrungen im Harzgebirge zusammenfasste. An seinen Fossilfunden wurde ihm klar, dass in verschiedenen Erdzeiten immer wieder andere Pflanzen und Tiere lebten. Also muss es in der Lebewelt den Artenwandel gegeben haben. Um 1700 kam der französische Gesandte in Ägypten, Benoît de Maillet, auf den gleichen Gedanken. Bis zu Charles Darwins Hauptwerk (1859) waren es nachweislich schon 193 Naturforscher und Ärzte, die vom Artenwandel expressis verbis geschrieben haben (s. Schad 1997), und doch machte und macht das Evolutionsdenken noch immer erhebliche Schwierigkeiten. Warum? Wenn sich die Welt durch Evolution fortentwickeln würde, dann hieße das ja, dass Gott ein recht verbesserungsbedürftiges Schöpfungswerk getan habe. Das aber ginge gegen seine Allwissenheit und Allmacht und ist deshalb blasphemisch, darf also nicht sein. Die Gemütsseelen schreckten und schrecken noch immer davor zurück.

1718 entdeckte der englische Astronom Edmund Halley durch genau vermessene Fernrohrbeobachtungen, dass die Fixsterne gar nicht fix sind, sondern sich bewegen. Die Sternbilder sahen vor wenigen Jahrtausenden durchaus anders aus. Wieder brach ein kosmischer Halt des allgemeinen Lebensgefühles – wenigstens der Fixsternhimmel ist Bild der Ewigkeit – weg. Eine erneute schmerzliche Verunsicherung!

1759, im Geburtsjahr Schillers, erschien die Doktorarbeit

eines jungen Berliner Arztes, Caspar Friedrich Wolff, in der er eine neue Anschauung der Embryonalentwicklung, seine «Theoria generationis» vorbrachte. Bisher galt, dass das fertige Menschlein, der Homunculus, entweder im Eikeim oder im Spermatozoon sitzt und nur vergrößert wird: Entwicklung als wörtliche Auswicklung. Wolff hatte im Hühnchenei nachgesehen und nichts von einem Miniaturküken gefunden, sondern drei Gewebeschichten auf der Dotterkugel, die er in Anlehnung an seine Pflanzenstudien *Keimblätter* nannte. Aus ihnen formten sich die Organe jedes Mal neu. Neues unter der Sonne aber durfte es in der damaligen Medizin der Barockzeit nicht geben; das war ja Blasphemie. Die gesamte Fachwelt lehnte diese Entdeckung, die immerhin die Begründung der Embryologie war, noch jahrzehntelang ab – ein für alle Beteiligten neuerlicher schmerzhafter Prozess.

1780 vertritt der große Lessing in seiner letzten Schrift *Die Erziehung des Menschengeschlechtes* den Entwicklungsgedanken der Menschheit durch die verschiedenen Religionen hindurch: Gott lässt die Menschheit durch seine Schule gehen. Die erste Klasse ist das Alte Testament, die zweite Klasse das Neue Testament; nun gehen wir in die dritte Klasse, indem uns Gott die Kraft der Vernunft schenkt. Diese religionsgeschichtliche Schrift bricht mit den Absolutheitsansprüchen der einzelnen Konfessionen. Eine solche Schule Gottes muss es allen Menschen in jeder Epoche ermöglichen, daran teilzunehmen. So endet die Schrift mit der gedanklichen Forderung wiederholter Erdenleben. Alles ist auch über den Tod hinaus in Entwicklung. Nichts steht mehr fest.

Herder, mit Wieland der andere der drei großen Frühklassiker, entwirft aus seinen Gesprächen mit dem zehn Jahre jüngeren Goethe in seinem Hauptwerk *Ideen zu einer Philosophie der Geschichte der Menschheit* 1784 die durchgängige Evolution durch alle Naturreiche. Charlotte von Stein schreibt am 1. Mai 1784 an Knebel:

«Herders neue Schrift macht wahrscheinlich, dass wir erst Pflanzen und Tiere waren; was nun die Natur aus uns stampfen wird, wird uns wohl unbekannt bleiben. Goethe grübelt jetzt gar denkreich in diesen Dingen, und jedes, was erst durch seine Vorstellung gegangen ist, wird äußerst interessant.»

1785 erscheint von Karl Philipp Moritz der erste Entwicklungsroman deutscher Zunge: *Anton Reiser*. Die Zentralfigur ist nicht mehr, wie bisher immer üblich, ein Held adliger Abstammung, dem nach vielen Wirren zuletzt natürlich sein angestammtes Land zufällt, sondern ein aus ärmlichsten Verhältnissen sich zu höherer Bildung hocharbeitender Sucher, dessen Ausgang offenbleibt. Nicht das schon vorweg vorherbestimmte Ziel, sondern echte Entwicklung zu einem unvorhersehbaren Neuen ist das Neue. Goethes *Wilhelm Meister* (von 1774 bis 1830 entstanden) ist der zweite Entwicklungsroman in der deutschsprachigen Literatur. Wie Anton Reiser will auch Wilhelm zuerst Schauspieler werden, dann entschließt er sich zum Arztstudium, heilt als vorläufigen Schluss den eigenen Sohn, und der Roman endet mit der Klammer: (Ist fortzusetzen).

Beide Entwicklungsromane sind, jeweils vom Autor gesehen, hoch autobiographisch. Erst durch die eigene biographische Verwandlung in Italien entdeckt Goethe die Metamorphose der Pflanzen und damit das Organon alles künftigen Entwicklungsverständnisses. Rudolf Steiner sprach einmal davon, dass alle Gedankenformen, in denen wir heute denken, sich bei Aristoteles nicht nur schon finden, sondern von ihm auch beschrieben worden sind – mit einer Ausnahme: dem Denken in

Entwicklung. Das sei die wertvollste Entdeckung des 18. und 19. Jahrhunderts.

Um 1800 entdeckt Wilhelm Herschel – ein deutscher Musiker, den in England die Astronomie gepackt hatte – die Apexbewegung des ganzen Planetensystems: Zum Sternbild des Herkules hin weichen die Fixsternbewegungen perspektivisch vorwiegend auseinander, im gegenüberliegenden Fixsternhimmel hingegen zueinander. Die Planeten bewegen sich also nicht auf ruhenden Ellipsen, sondern alle miteinander auch noch auf elliptischen Wendeln.

1809 setzt mit Lamarck *(Philosophie zoologique)* das Entwicklungsdenken in Frankreich öffentlich ein, 1844 mit Robert Chambers *(Vestiges of the Natural History of Creation)* in England. Darwin bündelt dann mit dem ihm eigenen Fleiß fünf evolutive Theoreme, die er alle schon vorfindet, zu einer gemeinsamen Theorie, ohne wesentlich Neues gedanklich beizusteuern (Mayr 1985, Schad 1997:33). Sein Weltbild bleibt deterministisch. Er versteht unter Zufall, «wovon wir nur noch nicht die Ursachen kennen» (1992:153f.). Im Urtext lautet die Stelle wörtlich: «I have hitherto sometimes spoken, as if the variations [...] had been due to chance. This, of course, is a wholly incorrect expression, but it serves to acknowledge plainly our ignorance of the course of each particular variation. [...] Nevertheless, [...] we may feel sure that there must be some cause for each deviation of structure, however slight.» (*Origin*, Kap. 4)

Das 19. Jahrhundert ist eben immer noch von der Denkmöglichkeit des «Laplaceschen Dämons» beherrscht: Wenn ein Geist alle Bewegungszustände im Weltall in einem bestimmten Moment kennen könnte und alle Naturgesetze dazu, so könne er den zukünftigen Verlauf auf beliebige Zukunft hin vorausberechnen. Noch Karl Marx entwickelt so sein deterministisches

Geschichtsbild: Der Kommunismus werde in Zukunft unausweichlich eintreten.

In der Chemie und der Physik spielen so die Erhaltungssätze eine wichtige Rolle. 1785 beweist Antoine Laurent Lavoisier in Paris durch sorgfältiges Wägen, dass bei chemischen Reaktionen zwar neue Stoffverbindungen eintreten, aber nichts an Gewicht verloren geht oder hinzukommt (Gesetz von der Erhaltung der Masse). 1840 berechnet Julius Robert Mayer in Heilbronn aus vorhandenen Messdaten der Wärmephysik, dass Energieumwandlungen in konstanten Verhältnissen stattfinden (Gesetz von der Erhaltung der Energie). Damit hat man bei aller Erscheinungen Flucht doch etwas Verlässliches für die Naturwissenschaften zur Verfügung.

Dann kommt jedoch 1896 die Entdeckung der Radioaktivität durch Henri Becquerel an Uranerzen von Joachimsthal aus dem Erzgebirge. Nun ist der Energieerhaltungssatz durchbrochen, denn die Strahlungsenergie kommt aus keiner Umwandlung irgendeiner bekannten Energie. Erst im 20. Jahrhundert wird durch immer feinere Waagen bewiesen, dass die neu auftretende Energie auf einem Massenverlust der radioaktiven Elemente beruht. Also gilt auch das Gesetz von der Erhaltung der Masse nicht mehr völlig. Beide Verunsicherungen behebt aber Albert Einstein dadurch erneut, dass er 1905 die wechselseitige Umwandlung von Masse in Energie und umgekehrt in einem konstanten Verhältnis fordert ($E=mc^2$), was die Messungen bestätigen. So scheint doch noch eine durchgängige Konstanz zu gelten, nämlich: Die Summe aller Energien im Weltall (Masse auch als Energieform aufgefasst) ist konstant. Steiner wird sich auch dagegen wenden (GA 293, 23.8.1919; 202, 18.12.1920).

Weitere Konstanzgesetze purzeln: 1915 bricht der Meteorologe Alfred Wegener mit der bisher bestehenden Auffassung in der Geologie, die Kontinente hätten durch die ganze Erdgeschichte immer dort gelegen, wo sie heute liegen. Seine «Kontinentalverschiebungstheorie», von Steiner sofort freudig begrüßt (GA 300/III: 35, 25.4.1923), wird aber noch eine ganze Generation lang von der Fachwelt abgelehnt, bis eine neue Garde besonders amerikanischer Geologen aus den inzwischen vermessenen Ozeanbödenprofilen ihn bestätigt und die Plattentektonik begründet. Der geologische Fixismus ist überwunden. Alles fließt. Nicht erst bei Erdbeben wankt der Boden. Hamburg und New York entfernen sich noch jetzt jährlich um 2 Zentimeter; das sind in 100 Jahren schon 2 Meter.

Nun fallen noch die letzten Gewissheiten. Der Anspruch der klassischen Physik auf eindeutige Kausalität und Objektivität, die sie zur exakten Wissenschaft seit Newton gemacht haben und auf alle anderen naturwissenschaftlichen Feldern als Vorbild ausgestrahlt hat, ist laut dem Verhalten des radioaktiven Verfalls nicht mehr aufrechtzuerhalten. Er lässt sich durch keinen Eingriff beeinflussen und ist damit akausal. Dieser Indeterminismus wird noch zusätzlich bestätigt durch Werner Heisenbergs Entdeckung der Unschärferelation in der Elementarteilchenphysik: Jede Messung von Impuls, Energie, Ort und Zeit verändert durch die Messung selbst deren Wert. Das Subjekt kann das Objekt nicht kennenlernen, ohne es durch seine Beobachtung zu beeinflussen. Der Objektivismus ist dahin. Nur statistische Wahrscheinlichkeiten sind vorhersehbar und machen die klassische Physik weiterhin aus – nur eben ohne Absolutheitsanspruch.

Nun ist das Letzte, was der Absicherung wissenschaftlicher Aussagen noch aufhilft, doch wohl die Mathematik. Hierin kann doch der menschliche Geist unter Einhaltung der Widerspruchslosigkeit in sich konsistente, sich selbst logisch tragende

Systeme aufbauen, deren Ewigkeitscharakter unbestritten ist. Aber schon Leibniz und Newton hatten unabhängig voneinander entdeckt, dass mathematische Grenzwerte verschiedene Ergebnisse bringen, wenn man sie in Gleichsetzungsverfahren einfangen will, oder wenn man sich ihnen schrittweise nähert, ohne sie numerisch völlig zu erreichen. So Letzteres im Rechnen mit unendlich kleinen oder unendlich großen Werten (Infinitesimalrechnung). Die mathematische Denkerfahrung selbst ergab: Das Werden ist wichtiger als das Sein.

1931 kommt nun Kurt Gödel in seinem zweiten Unvollständigkeitssatz dazu, auch noch nachweisen zu können, dass der sichere Beweis für die vollständige Widerspruchslosigkeit mathematischer Denkgebäude prinzipiell nicht möglich ist. De facto bedeutet das zweierlei: zum einen den schmerzhaften Verzicht auf völlig geschlossene Denksysteme – der Traum aller Philosophen und Mathematiker. Zum anderen bedeutet das eine prinzipielle Grenze für die Leistungsansprüche an den Computer. Deswegen wird es nie ein perfektes Antivirusprogramm geben (Yourgrau 2005:82/83).

Nun ist ja die Mehrzahl der genannten Beispiele so weit ins allgemeine Bildungsbewusstsein eingedrungen, dass man sich daran mehr oder weniger gewöhnt hat. Sie werden aber deshalb hier zusammengestellt, um dazu aufzufordern, die massive Dramatik für das menschliche Selbst- und Weltverständnis nachzuempfinden. Sicherheit nach Sicherheit brach weg. Das ganzheitliche Geborgenheitsgefühl in einer verlässlichen Welt wurde abgelöst durch eine zunehmend anschwellende Dynamik mit unvorhersagbarem offenem Ende. Diese Dynamisierung des Weltbildes führte von einer Erkenntnisgrammatik zu einer Erkenntnisdramatik (so auch Steiner in einem Notizbuch), die bei Weitem noch nicht zu Ende ist.

Edwin Hubble (1889–1953) war ursprünglich nur ein technischer Mitarbeiter an dem großen astronomischen Observatorium in Pasadena/Kalifornien gewesen. Dann arbeitete er sich aber so ausgezeichnet in die teleskopische Astronomie ein, dass er in den zwanziger Jahren des 20. Jahrhunderts zu den wichtigsten Entdeckern der Spiralnebel ähnlich unserer Milchstraße wurde. Er stellte nicht nur einen umfassenden Katalog der Galaxien auf (s. Sandage 1961) und ordnete sie in eine Formenreihe von den elliptischen Nebeln bis zu den offenen Spiralnebeln und Barrenspiralnebeln, sondern er deutete solche Formenreihen auch als zeitliche Entwicklungsreihen, und zwar von den kompakten Formen hin bis zu den offenen Spiralen:

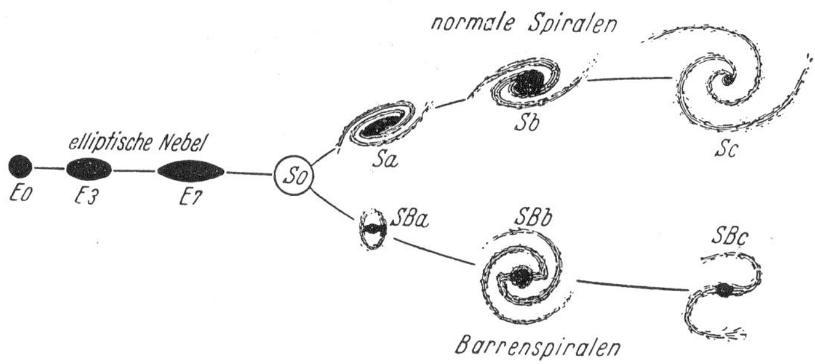

Abb. 1: Abfolge der Nebeltypen. Unsere Milchstraße ist z.B. eine Barrenspirale des Typs SBb. (Aus: Westphal nach Hubble.)

In den fünfziger Jahren begann man aber auch die gleiche Reihe in der umgekehrten Richtung zeitlich zu deuten: Aus den Weiten des Kosmos spiralisieren sich die Nebel ein, bis sie sich zunehmend zentrisch zusammenballen (Westphal 1953:722).

Aber dabei blieb es nicht. Nicht nur jeder Spiralnebel zeigt schon in seiner Gestalt eine zeitliche Rotation an, sondern das Vermessen ihrer Sternspektren ergab eine zunehmende Verschiebung hin zur roten Seite (Dopplereffekt), je weiter sie entfernt waren, sodass der gesamte Kosmos sich in fortwährender Expansion zeigte. Lemaitre erkannte so 1927 als Erster, dass damit nun auch als letztes antikes Dogma die Lehre von der Unveränderlichkeit der gesamten Fixsternwelt aufgegeben werden musste. Sollte sich einmal die Expansion wieder in eine Kontraktion verwandeln, so lebten wir in einem pulsierenden Universum.

In den Lebenswissenschaften wird der Wegbruch aller bisherigen Konstanten besonders eindringlich erfahren. Hatte man doch gehofft, im Erbgut stabile Verhältnisse anzutreffen. Was ist heute dazu zu sagen? Verpflanzt man einen Löwenzahn ins Hochgebirge, so wird er unter der größeren Kälte und dem kurzen Sommer eine etwas gedrungenere Gestalt annehmen. Gleich geblieben aber ist bei all seinen Gestaltabwandlungen die Art und Weise, *wie* er in seiner Gestaltausbildung auf seine jeweilig wechselnde Umwelt spezifisch reagiert. Dieses *Wie* wird bei allen Organismen von den Vorfahren übernommen und wird deshalb Vererbung genannt. Es werden also nie direkt die Merkmale selbst vererbt, sondern die Reaktionsweise, wie mit der Ausbildung der Merkmale auf die Milieufaktoren reagiert wird: eben mit plastischen «Reaktionsnormen». Es gibt also keine umweltferne Vererbung. Und doch ist die Abhängigkeit von der Vorfahrenkette evident.

1953 fanden Watson und Crick den chemischen Feinbau der Erbsubstanz heraus. Es ist die «Desoxyribonucleic acid» = DNA. Für sie galt weiterhin das biologische Grundgesetz, dass nur das vererbt werden kann, was von den Vorfahren herstammt. Diese Summe aller Erbkomponenten (= Gene), das Genom, ist demnach hochstabil. Es gibt in jeder Zelle Regulationsvorgänge, die bei der Verdoppelung des Erbgutes vor jeder Zellverdoppelung etwaige leichte Fehler in der DNA reparieren und sie gerade dadurch über zum Teil geologische Zeiten trotz des Einflusses der natürlichen Radioaktivität aktiv konstant halten. Das Erbgut jedes Lebewesens wenigstens scheint eine stabile Konstante in der Erscheinungen Flucht zu sein. Die Molekularbiologen drücken diesen Sachverhalt als das DNA-Dogma so aus: Die DNA kann in RNA verwandelt werden, und danach werden die Körpereiweiße (= Proteine) gebildet – aber nie ist die Umkehrung von RNA wieder in DNA möglich.

Dieses Erbgesetz von der Priorität der DNA ist 1970 gefallen, als man die Retroviren entdeckte. Sie bestehen aus RNA. Verpackt in eine Fetthülle, können sie in fremde Zellen eindringen und sich von ihr in DNA umformen lassen, die an bestimmten Chromosomenstellen im Zellkern eingebaut wird und nun unbegrenzt weiter vererbt werden kann, wenn es Keimbahnzellen waren. Der bisher «vertikale Gentransfer» (Vererbung von den Vorfahren) ist durch «horizontalen (= lateralen) Gentransfer» von aus der Umwelt aufgenommenem Erbgut durchkreuzt worden. Das Dogma, dass alles Erbgut von den Eltern abstammen muss, ist gefallen. Die völlige Abschottung desselben gegen die Umwelt gibt es nicht. Es sind besonders die evolutiv niedersten Lebewesen, die Bakterien, die untereinander Erbgut wie Nährstoffe austauschen können, um es weiterzuvererben. Aber auch bei höheren Organismen kann das eintreten. Da schwindelte es erst einmal allen Biologen (Sitte 1987:445; 1991:91).

Aber nicht nur das. Schon 1884 wurde vermutet und 1904 war klar, dass das Erbgut bei den höheren Zellen (Eucyten) im Zellkern aufbewahrt wird. Später wurde auch diese Konstante zerbrochen, als man «extrakaryotische» DNA in Organellen des Zellplasmas fand: in den Plastiden (den Blattgrünkörnern der Pflanzen) und in den Mitochondrien (den Atemorganellen in Pflanzen- und Tierzellen), ja sogar im Zellplasma selbst

(Koch / v. Pfeil 1971). Wieder war eine geliebte Konstante gefallen.

Eine recht schmerzliche Revolution in der Biologie war auch inzwischen, dass plötzlich entdeckt wurde, dass die *Allgemeine Zelltheorie* von 1838 nicht allgemein zutrifft, eben auch nicht die Aussage von Ernst von Brücke 1861, dass die Zelle der einfachste «Elementarorganismus» sei, aus dem sich alle anderen zusammensetzen. Nun stellte sich 1968 heraus, dass die klassische Zelle (Eucyte) keineswegs die elementare Einheit des Lebens ist, sondern eine Symbiose von noch niedereren Lebensformen darstellt, indem die Plastiden und Mitochondrien sich als bakterienverwandte Symbionten herausstellen. So war auch diese 130 Jahre dauernde Sicherheit einer für unumstößlich gehaltenen Vereinheitlichungstheorie gefallen.

Wenn also in der Astronomie, Geographie, Physik, Chemie und in den Lebenswissenschaften, ja selbst in der Mathematik keine Verlässlichkeit mehr anzutreffen ist, was bleibt dann? Die Zuwendung zu Gott? Was als letzte Sicherheit, wenn schon nicht in der Welt, so doch in Gott durch die Religionen angeboten wurde und wird, ist nun auch in Bewegung geraten.

Zu den grundlegenden Fähigkeiten Gottes haben die meisten Religionen seine Allmacht, seine Allweisheit und seine Allgüte gezählt. Aber hieran wird nun in vielen Religionen gerüttelt, wo der Mensch sich seiner Verständnissuche nicht enthalten kann. So hat der jüdische Philosoph Hans Jonas (1903–1993) gefordert, dass der mosaische Glaube seinen Gottesbegriff angesichts des Holocausts in Auschwitz ändern muss. Wäre Gott gütig und allmächtig zugleich, so hätte er Auschwitz nicht zulassen können. Er kann also nicht mehr als allmächtig gedacht werden, denn die Güte möchte man ihm nicht aberkennen:

«Wäre Gott allmächtig und hätte er Auschwitz verhindern können, dann wäre er, da er es nicht getan hat, entweder nicht allgütig oder total unverständlich. Wollen wir an der Verständlichkeit festhalten und an seiner Güte, dann muss er nicht allmächtig sein.»

Christof Lindenau (1996) hat die Bedeutung dieses historischen Bewusstseinsschrittes hervorgehoben.

Der evangelische Theologe Jürgen Moltmann spricht neuerdings von dem Leiden Gottes an der Welt und an dem Menschen:

«Das Leiden Gottes mit der Welt, das Leiden Gottes an der Welt und das Leiden Gottes für die Welt sind höchste Formen seiner schöpferischen Liebe.»

Gott leidet die Leiden der Menschheit mit und entwickelt sich dadurch an ihrer Geschichte selbst mit. Nimmt man den anthroposophischen Gesichtspunkt hinzu, dass das, was der evangelische Glaube als den persönlichen Gott im direkt ansprechbaren Du sieht, der persönliche Angeloi jedes Menschen ist, so treffen sich hier gemeinsame Erfahrungen.

Der katholische Theologe Günther Schiwy spricht so seinerseits davon, dass das Bild von Gott evolutionär wird; dass Gott nicht in unbeteiligter Ewigkeit allmächtig hilft oder nicht hilft, sondern selbst sich verändert. Die Gottheit ist selbst eine werdende. Indem Gott ein Gott des Werdens und nicht des statischen Seins ist, entwickelt sich mit seinem Werden die Weltevolution inmitten der Schöpfung (Copray 1995). So haben wir auch bis hier hinein die Dynamisierung nicht nur des Menschen- und Weltbildes, sondern auch des Gottesbildes als durchgängig sich verstärkenden Vorgang in der Bewusstseinsgeschichte der letzten vierhundert Jahre.

Darin besteht die Modernität und Zukunftsoffenheit der

Anthroposophie, dass sie von vornherein das Werden höher stellt als das Sein. Schon in der *Philosophie der Freiheit* bricht Steiner mit der von Kant fest inthronisierten Normethik. Danach soll der Mensch so handeln, dass die Maxime seines Handelns die Grundlage einer allgemeinen Gesetzgebung sein kann.

«Handle so, dass die Maxime deines Willens jederzeit zugleich als Prinzip einer allgemeinen Gesetzgebung gelten könne.» (*Kritik der praktischen Vernunft* 1788:54)

Steiner setzte dagegen:

«Dieser Satz ist der Tod aller individuellen Antriebe des Handelns. Nicht wie alle Menschen handeln würden, kann für mich maßgeblich sein, sondern was für mich in dem individuellen Falle zu tun ist.» (GA 4, Kapitel: Die Idee der Freiheit)

Adolf Eichmann hat sich 1961 während seines Prozesses in Jerusalem auf Kants kategorischen Imperativ berufen:

«Ich habe mich mein Leben lang bemüht, dass das Prinzip meines Strebens so sein muss, dass es jederzeit zum Prinzip einer allgemeinen Gesetzgebung erhoben werden könne, so wie Kant das in seinem Kategorischen Imperativ ungefähr ausdrückt. [...] wenn ich einer höheren Gewalt unterworfen werde – es hieß ja bei uns: ‹Führerworte haben Gesetzeskraft› – dann ist ja mein freier Wille an sich ausgeschaltet, und dann kann ich mir ja keine irgendwelchen Prinzipien zu eigen machen, wohingegen ich den Gehorsam gegenüber der Obrigkeit in diesen Begriff hineinbauen muss und auch darf.» (Schnabel 1987:1)

Krasser ist der Gegensatz von Normethik und ethischem Individualismus wohl kaum aufzuzeigen. Auch die beste Gesetzgebung kann die Mitmenschlichkeit nicht retten, wie heute jeder Richter in einem Rechtsstaat weiß, weil sie der individuellen angepassten Auslegung bedarf. Sittlichkeit muss in jedem Augenblick von jedem Menschen situativ neu geschöpft werden. Der Gesetzgeber kann nur den weiten Rahmen vorgeben. Ausfüllen kann ihn erst die Situationsethik aller jeweils Beteiligten aus individuell (nicht individualistisch) verantworteten Antrieben.

In jenen Jahren, als Steiner in Weimar seine *Philosophie der Freiheit* schrieb, brandete in ganz Deutschland ein Kulturkampf um den «Affenprofessor» nebenan in Jena, um Ernst Haeckel, auf. Beide Kirchen wetterten von allen Kanzeln gegen ihn. Doch Steiner stellte sich mit seiner Schrift *Haeckel und seine Gegner* 1899 auf dessen Seite (GA 30:152f.). Ihm waren einzelne geistvolle Materialisten lieber als die Menge geistloser Vertreter des Geistes, obgleich es ihm selbst darum ging, den Geist in geistiger Weise zu vertreten. Wie er das angesichts Haeckel selbst vollzogen hatte, berichtete er 1924 (GA 233:236):

«Studieren Sie heute, indem Sie von dem hier gemeinten rosenkreuzerischen Initiationsprinzip berührt worden sind, den Haeckelismus mit all seinem Materialismus. [...] Was Sie in Haeckels ‹*Anthropogenie*› über die menschlichen Vorfahren in einer Sie vielleicht abstoßenden Weise lernen, lernen Sie es in dieser abstoßenden Weise, lernen Sie alles dasjenige darüber, was man durch äußere Naturwissenschaft lernen kann, und tragen Sie das dann den Göttern entgegen, und Sie bekommen dasjenige, was in meinem Buche ‹*Geheimwissenschaft*› über die Evolution erzählt ist.» (GA 233:236)

Hier schildert Steiner, auf welchem Wege er selbst die Evolution des Kosmos, der Erde, der Naturreiche und des Menschen gefunden hat, wie er es in einem seiner Grundwerke der Anthroposophie, *Die Geheimwissenschaft im Umriss,* 1913 in dem Evolutionskapitel «Die Weltentwicklung und der Mensch» dargestellt hat. Die größte Revolution vollzog Steiner darin, dass er eine Evolutionslehre der Hierarchien selbst entwarf: Die Engel standen einst auf der Menschenstufe, sie werden einmal Erzengel und dann Archai werden. Natur- und Geistwelt stehen in einem gemeinsamen Werdestrom darinnen.

Hat man diese gewaltigen Werdedimensionen einmal in der Anthroposophie kennengelernt, so überliest man nicht mehr, was Goethe in seinem höchsten Alter in die Schlussszene seines *Faustes* poetisch hineingeheimnisst hat. In der Himmelfahrtsszene lässt er verschiedene Gruppen von Engeln auftreten. Zuerst sind es noch niedere, luziferische Engelwesenheiten, die «rosenstreuenden Engel». Mephisto sagt ganz treffend:

«Seid ihr nicht auch von Luzifers Geschlecht?»

Sie erscheinen als die «jüngeren Engel» und danach erst die «vollendeteren Engel». Vollendete Engel treten nicht auf. Hier wagte schon Goethe keimhaft den Schritt, das Evolutionsgeschehen in der geistig-göttlichen Welt selbst aufzusuchen.

Es kann hier nur angedeutet werden, welche hohe Integrationskraft die Schilderungen Rudolf Steiners in diesen Fragen haben. Seine Schilderung der Evolution durch die vier Äonen in den Wiederverkörperungsperioden des Planetensystems und der Erde beinhaltet vorwiegend die Evolution der dritten Hierarchie. Die höchste, die erste Hierarchie, aber lebt in ewiger Unveränderlichkeit. Für die zweite Hierarchie durchdringen sich die Darstellungen der fortschreitenden Entwicklung mit den höchsten Stufen der Vollendung – eine Aufgabe, beides in der Verständnissuche nicht zu polarisieren. Gerade diese Anforderung stellt die Geistwelt an uns, die wir so gerne alles im Entweder-Oder scharf zu trennen verlangen.

*

Wenden wir uns nun der bewussten geistigen Tätigkeit des eigenen Menschseins zu, dem Denken, so müssen wir auch davon wegkommen, nur zu fordern, was das Denken zu sein hat. Viel wirklichkeitsgemäßer ist es zu fragen, was alles geschehen kann, wenn wir das fruchtbare Denken betätigen und dann auch beobachten. Es ist, sinnvoll betrieben, ein geistiger Ernährungsvorgang, weil mit ihm die eigene Verständnissubstanz und das eigene Verständnisvolumen wächst. Ein solcher Vergleich ist durchaus nicht trivial.

Eine wichtige Eingangsstufe ist, hinhören zu können und davon zu lernen, was andere z.B. in Wort und Schrift von ihren Gedanken uns nahelegen. Wir nehmen dann etwas davon auf und lernen den «Geschmack» solcher Denkinhalte kennen. So kann man auch den hiesigen Text nehmen. Doch damit ist es zumeist durchaus noch nicht zu unserem Eigentum geworden.

Eine erstmalige Erkenntnis entfällt einem leicht wieder. Wir werden uns, wenn mehr entstehen soll, in einem zweiten Qualitätsschritt mit ihr vertrauter zu machen haben, um sie jederzeit wieder zugänglich zu haben. Das geschieht am besten durch den wiederholentlichen Umgang mit ihr. Dann bleibt der Verständnisschritt im Gedächtnis bekanntlich besser haften. Die bleibende Erinnerbarkeit ist ein gutes Kennzeichen dafür, dass dieser zweite Schritt fruchtbar stattgefunden hat.

Nun verfügen wir über das Wissen von mitgeteilten Erkenntnissen. Aber das genügt uns nicht. Jetzt wird die Rückfrage virulent, ob das Aufgenommene überhaupt stimmt. Hat es überhaupt einen echten Wahrheitsgehalt? Muss es nicht gründlicher im Detail geprüft werden? Das kritische Denken tritt in seine Rechte ein, ganz im Sinne des Wortes *kritein* = unterscheiden; zum Beispiel das Wesentliche vom Unwesentlichen, den Weizen vom Spreu zu trennen. Wir unterziehen das Aufgenommene der Analyse. Diese Art von Denken nimmt alles auseinander, zergliedert es in seine Komponenten.

Diese gerade aufgeführten und jedem wohlbekannten drei Denkweisen können geplant und organisiert werden. Sie werden in jeder Prüfung verlangt: Hat der Prüfling etwas Inhaltliches verständig gelernt und kann er es jederzeit auf Abruf erinnern? Sollte er das Thema sogar kritisch beleuchten können, so ist ihm die Anerkennung gewiss. Aber das reicht dem geistigen Ernährungsvorgang nicht. Wenn sie nur pflichtgemäß abgegolten wurden, liegen alle drei Schritte oft trotzdem wie Wackersteine im Seelenmagen, und es bleibt die Frage: Was habe ich damit zu tun? Im individuellen Fragen liegt der Fortgang aller weiteren geistigen Produktivität. Das Fragen selbst wird nun zu einer hohen Kunst. Man bemerkt, dass oftmals in der rechten Fragestellung schon die halbe Antwort liegt, die nun aber nicht mehr vorgegeben, sondern spätestens jetzt völlig selbst gefunden wird. Dazu braucht es den eigenen Erkenntnishunger. Man bemerkte bisher von sich:

> Nun hat er die Teile in der Hand,
> Fehlt leider nur das geistige Band.
> *(Faust I)*

Dieses geistige Band wird in einem fünften Schritt nach der bisherigen Analyse nun erst eigenständig wiedergefunden. Es ist ein freudiger, erfüllender Vorgang. Man hat selbst nicht nur den Durchblick, sondern auch den Überblick. Plötzlich hängt vieles mit vielem zusammen. Die bisherigen Einzelheiten beleuchten sich gegenseitig. Dieses systemische, synthetisierende Denken ist es, was geradezu von Berufs wegen jeden Mathematiker und Philosophen entzückt. Widerspruchsfreie Systeme werden entworfen. Die Einzelbegriffe vereinigen sich zu Ideen, der rationalistische Verstand erweitert sich zur überschauenden Vernunft, um an Kant zu erinnern (s. Steiner GA 2: Verstand und Vernunft). Von nun an ist der gedankliche Zusammenhang zum echten Eigenbesitz geworden. Aus fremder Gedankennahrung ist eigener Gedankenbesitz geworden.

Dieser Schritt wurde von den ersten Philosophen Griechenlands begeistert entdeckt, was wir noch heute als das Erwachen des abendländischen Geistes bezeichnen. Platos Ideenlehre und Euklids Axiomatik der antiken Geometrie sind der vollkommenste Ausdruck davon. Alles Denken bezeichnete Sokrates in den Worten Platos als ein Wiedererinnern an den Ideenkosmos, in welchem die menschliche Seele vor ihrem Leben auf der Erde geweilt hat (*Menon*-Dialog). Das ermöglicht ein freudiges Einssein mit dem unveränderlich Ewigen und schenkt Geborgenheit.

Aber bei diesem Harmoniebedürfnis ist es nicht geblieben. Mit der Ankündigung und dem Anbruch der Neuzeit wurden alle Ordnungen in Fluss gebracht. Nicht mehr das Denken in Ganzheiten, sondern die Ernstnahme des unentwegten Wechsels in der gewaltigen Dynamik des Weltgeschehens wurde essentiell. Schon Galileo Galilei hatte es sogleich bemerkt:

«Ich kann nur mit dem größten Widerstreben anhören, dass die Eigenschaften des Unwandelbaren und Unveränderlichen als etwas Vornehmes und Vollkommenes gelten und im Gegensatz dazu die Veränderlichkeit als etwas Unvollkommenes gilt. Ich halte die Erde für höchst vornehm gerade wegen der Wandlungen, die sich darauf abspielen, und dasselbe gilt vom Monde, vom Jupiter und anderen Weltkugeln.»

Hegel hingegen war von der geleisteten Stimmigkeit seines philosophischen Denkgebäudes vielfach gebannt: «Was vernünftig ist, das ist wirklich; und was wirklich ist, das ist vernünftig.» Als ihn einst ein Student besuchte, der ihm den Einwand machte, die Natur sei manchmal doch noch etwas anders, als die Idee verlangt, soll Hegel ihm geantwortet haben: «Umso schlimmer für die Natur.» Aber Hegel selbst kannte auch das «unglückliche Bewusstsein», das die Widersprüche aushalten muss, ohne die Aporien auflösen zu können (1807). Ja, er integrierte auch den unableitbaren Zufall, die Kontingenz, in sein Denken (1821).

Was macht das Denken, wenn auch das ganzheitliche Denken nicht mehr hinreicht? Es bricht auf einer sechsten Stufe die Ganzheiten auf, bemerkt, dass die Welt reicher ist, als dass sie mit einem einzigen Denksystem einzufangen wäre. Es bringt sich selbst in den Strom der Welt ein, indem es sich selbst zu verwandeln beginnt. Dann aber lernt es an der Dynamisierung des bisherigen Weltbildes die größere Wirklichkeitsnähe kennen. Das ist jedoch kein freudiger, wie vorher oft so tief befriedigender Denkerfolg mehr, sondern geht mit all den gedanklichen Schmerzerfahrungen vor sich, die wir oben für das Erwachen des neuzeitlichen Geistes Schritt für Schritt referiert haben. Die Antike und das Mittelalter haben die Verstandes- und Gemütsseele entwickelt. Jetzt geht es um die schmerzhafte Geburt der Bewusstseinsseele.

In der fünften und durchaus wichtigen Denkweise des ganzheitlichen Holismus fanden wir zum eigenständigen Denken. Auf der sechsten Stufe, in der Erkenntnisdynamik, aber verzeitlichen sich alle Systeme, das Denken in Evolution erwacht. Es geht nicht mehr um meine eigene Stimmigkeit, sondern um meinen erkenntnismäßigen Anschluss an die Dynamik des Weltgeschehens.

Goethe hatte beides gründlich ausgekostet. Als Typologe übte er den Ganzheitsblick, so nach der Entdeckung des menschlichen Zwischenkiefers. Noch wichtiger wurde ihm danach auf der Italienreise das Denken in Metamorphosen, obgleich dann der bisher so sichere Boden zu wanken anfing:

«Die Idee der Metamorphose ist eine höchst ehrwürdige, aber zugleich höchst gefährliche Gabe von oben. Sie führt ins Formlose, zerstört das Wissen, löst es auf. [...] Unsere ganze Aufmerksamkeit muss aber darauf gerichtet sein, der Natur ihr Verfahren abzulauschen, damit wir sie durch zwängende Vorschrift nicht widerspenstig machen [...].» *(Problem und Erwiderung)*

Goethe hat im Anblick der lebenden Natur nicht nur vom *Problem* und *Dilemma* gesprochen, sondern von *Konflikt, Wahnsinn* und *Angst* (Schad 1998:372).

«Das unmittelbare Gewahrwerden der Urphänomene versetzt uns in eine Art von Angst: Wir fühlen unsere Unzulänglichkeit.» (MuR. 6.10.13)

Steiner bekannte einst, wie er beim Schreiben seiner *Grundlinien einer Erkenntnistheorie der Goetheschen Weltanschauung* (GA 2) einen verzehrenden Kampf im eigenen Innern durchstehen musste (Rath 1971:82). Viel später fasste er diese Erlebniswelt einmal in ein mit Humor erträglich gemachtes Bild: Wenn die Menschen beginnen, lebendige Gedanken zu haben, so ist es so, als wenn sie in einen Schrank greifen und statt eines erwarteten Gegenstands eine lebende Maus in der Hand vorfinden. Vor Furcht und Schrecken lassen sie den neuen Fund sogleich fallen. Diese Furchterfahrung aber muss man aushalten (GA 164:37).

Ernst Lehrs berichtete 1957 in einem kleinen Kreis, wie schwer es war, mit Rudolf Steiner mitzuleben. Drei Wochen nach Erscheinen seiner *Kernpunkte der sozialen Frage* habe

Steiner erklärt, dass das Buch nun schon veraltet sei und umzuschreiben sei. Und wir lesen es heute noch gern als einen Standard.

Steiner geht sogar oftmals ungeniert so weit, dass Wahrheiten von heute durchaus morgen schon unwahr sein können (GA 72:65). Die Gestalt des Naturwissenschaftlers in den Mysteriendramen, Strader, erfährt daran eine schwere Erschütterung:

Strader: So sagt man damit doch,
Erkenntnis sei auf jeder Lebensstufe anders.
Capesius: Das eben möchte ich behaupten.
Strader: Wenn so die Sache stünde,
Dann wäre alles Denken nichtig
Und Wissen nur ein Wahngebilde.
Verlieren müsst' ich mich in jedem Augenblick.

O lasset mich allein.
Capesius: Ich werde ihn begleiten.

(GA 14:124/125)

Das gerade gehört zum nicht zu umgehenden inneren Konflikt bei jeder Annäherung an die Geistwelt. Da sie selbst reinste Dynamis, reinste Dynamik ist, muss sich auch alles bisher gesichert Geglaubte dynamisieren. Die Bewusstseinsseele gewinnt dabei die Fähigkeit, sich vom Geiste selbst, vom Geistselbst berühren zu lassen.

Eine große Hilfe dabei ist, beim Betreten einer noch unbekannten Welt sich die wichtigsten «Reiseberichte» geben zu lassen, um die Orientierung im Feuer der Dynamik nicht zu verlieren. Rudolf Steiner berichtete oft davon, wie im leibfreien Erkennen die erste Begegnung im Übersinnlichen in Bildern erfolgt, eben als *Imaginationen*. Sie sind jedoch noch nicht die

Geistwirklichkeit selber, sondern nur Bilder von ihr – und deshalb noch täuschungsverhaftet (GA 12:43; 17:19, 96). Warum dann erst solche Scheinbilder? Weil wir sie zu unserem eigenen Schutz brauchen, um die erste Annäherung aushalten zu können (s. Schad 2002). Sie schützen uns davor, überwältigt von der Geistwelt, uns nicht mehr aufrechthalten zu können. So sagte die Engelerscheinung immer als Erstes: «Fürchtet euch nicht.» Die Geisterfahrung ist nicht zum entspannenden Vergnügen der Gemütsseele da.

Wahrheit oder Irrtum kann aber erst dann unterschieden werden, wenn die wunderbar flutenden Bilder, die panoramaartige Überschau in großen Systemen aktiv aus der Seele entfernt worden sind und in die volle Welt der Geistdynamik eingetreten wird. Rudolf Steiner nennt es den Übergang vom Hellsehen zum Hellhören (GA 12:21). Alles geht in den Zeitenstrom des Werdens über. Jeglicher Halt entfällt – außer der eigenen Kraft, sich darauf voll einzulassen. Nun erst ist das Korn von den Spelzen zu trennen, die Wahrheit vom Irrtum, die Wirklichkeit vom Schein. Nun gilt unumwunden: «Eine Wahrheit ist auch dann wahr, wenn sich alle Gefühle dagegen aufbäumen» (GA 9:35, Theosophie). Hier treten besonders die Erkenntnisschmerzen auf. Nicht die Freude an der Imagination, sondern die aktive Leidensdramatik der *Inspiration* tritt ein. Nicht die eigene Seelenbefindlichkeit in offener oder verdeckter Selbstbeglückung steht an, sondern das Mitleben von dem, was geistig ist und wird, gerade auch gegen die eigenen Erwartungen.

Die Inspiration erfährt somit zwar einen sehr viel realistischeren Eindruck der geistigen Welt, aber noch immer nicht die Wesen selber, die sich darin ausdrücken. Die volle Wesensbegegnung gehört der höchsten Stufe der übersinnlichen Erfahrung an: der *Intuition* im Sinne des vollen geistigen *intueri* = Wahrnehmen.

Ein solcher «Reisebericht» erweckt immer die berechtigte Frage, wie weit und lang doch wohl der Weg von der sinnesgebundenen zur übersinnlichen Forschung ist. Rudolf Steiner kennzeichnete einen Übergangsbereich, der sich zwischen beide, doch prinzipiell sehr unterschiedliche Welten stellt, als denjenigen «*der ideellen Erkenntnis*» (GA 13:334). Sie kommt schon ohne sinnliche Wahrnehmung aus, indem sie die an der Sinneswelt gefundenen Begriffe und Ideen selbst zum Inhalt ihres Frage- und Denkinteresses macht. Es ist das Wie, nicht mehr das Was, das verstanden werden möchte. Doch es ist nicht schon ein leibfreies Verstehen, wie es die übersinnliche Forschung ausmacht, aber auch nicht mehr ein solches, das mit dem physischen Gehirn die Eindrücke verarbeitet, sondern ein solches mit dem lebensträchtigen Kraftbereich des Gehirnorgans. Die ideelle Erkenntnis denkt mit dem Lebensleib des Gehirnes. Es ist das Instrument, das sich am ehesten in der bisherigen sich anthroposophisch verstehenden Denkschulung bewährt hat.

Man kann als Anleitung dazu die Frühschriften Steiners verstehen. In den *Grundlinien* (GA 2) werden in klaren kategorialen Abgrenzungen die anorganischen, organischen, geschichtlichen und sozialwissenschaftlichen Dimensionen charakterisiert und unterschieden. Diese statuierende Überschau ist deutlich die *imaginative Stufe* der ideellen Erkenntnis. In der *Philosophie der Freiheit* (GA 4) hingegen wird in weitaus dramatischerer Weise das Evolutionsdenken der Naturwissenschaft für das evolutionäre Verständnis aller Weltbereiche übernommen. Hier haben wir es mit der *inspirativen Stufe* der ideellen Erkenntnis zu tun. In *Die Rätsel der Philo-*

sophie (GA 18) ging Steiner unter Enthaltung aller eigenen Stellungnahme auf die besonderen individuellen Leistungen im Denken nahezu aller philosophischen Persönlichkeiten der europäischen Bewusstseinsgeschichte ein. Hierin lebte er die *intuitive Stufe* der ideellen Erkenntnis vor.

In den anthroposophischen Hauptwerken nach der Jahrhundertwende steigern sich diese drei Stufen zur rein geistigen Forschung. Dabei steht die *Theosophie* in erster Linie für die Methode der *Imagination*, die *Geheimwissenschaft im Umriss* für die der *Inspiration* und die Karmavorträge für die sich erfüllenden *Intuitionen*.

Damit ist eine wesentliche Orientierung in außerordentlich hilfreicher Weise möglich. Was oben als die aufeinander aufbauenden Denkweisen angesprochen wurde, das erfährt nun seine aufhellende Beleuchtung von zwei Seiten. Zum einen entsprechen sie als *geistige Ernährung* der *leiblichen Ernährung*, indem auch sie in sieben Lebensprozessen fassbar sind:

leibliche Ernährung	*geistige Ernährung*
1. Aufnahme	1. Aufnehmen von Gedanken
2. Angleichen	2. Vertrautwerden mit ihnen
3. Andauen	3. kritische Analyse der Gedanken
4. Regulieren	4. echtes Fragen
5. Eigensynthese	5. die Zusammenhänge selbst verstehen
6. Organwachstum	6. Verwandlungen verstehen
7. Fortpflanzung	7. schaffendes Denken

Im Überblick wird nun deutlich, dass die ersten drei Denkstufen die des gewöhnlichen Gegenstandsbewusstseins sind. Durch echtes Fragen werden dann die drei Stufen der ideellen Erkenntnis entwickelt. So vermag die fünfte Stufe als das ganzheitliche holistische Weltverständnis die imaginative Qualität einzusetzen. In der sechsten Stufe aber wird alle Erkenntnisgrammatik zur Erkenntnisdramatik. Sie lebt und versteht in der inspirativen Fähigkeit der ideellen Erkenntnis.

Die siebte Stufe ist am schwersten zu beschreiben. Von ihr kann vergleichsweise wohl erst dann gesprochen werden, wenn ganz neue Gedanken hervorgebracht werden, wie es sie so inhaltlich vorher wohl noch nie gegeben hat. Doch wer kennt das schon und ist sogar daran beteiligt? Aber als Ergebnis ist nur aussprechbar: Fruchtbares Denken ist nie ein monomanes Denken, sondern befindet sich als solches immer in Entwicklung seiner selbst.

Ungeduldig wie der bequeme Mensch ist, möchte er möglichst bald am Ziel sein und alle letzten Fragen beantwortet haben. So werden – einmal geschmeckt – die fünfte und sechste Stufe oft schon angesteuert, ohne dass man sich auf den ersten drei Stufen solide Grundlagen gelegt hat. Im Gegenteil: Man möchte aus großen Ideensystemen am liebsten sogleich die ganze empirische Welt ableiten. Und wenn sie das doch nicht so einfach mit sich machen lässt, so wird sie nur insoweit akzeptiert, wie sie «passt». Nicht die Wahrheitsliebe steht dann im Vordergrund, sondern die Eigenliebe seiner großgefühlten Ideen. Das ist die luziferische Gefahr im Denken. Luzifer führt uns zum Geiste, aber in unredlicher Weise.

Andererseits trifft man ebenso häufig das Gegenteil an: Man sammelt mühsam akribisch die Fakten, zählt, misst und sortiert sie, übt sich in unkritischer Kritik, indem man allem und jedem ausschließlich misstraut. Als Ergebnis steht man vor den eigenen Datenfriedhöfen voll toten Wissens, das gedruckt in Bibliotheken verschwindet und außer Titeln nichts gebracht hat. Das ist die ahrimanische Gefahr von Wissenschaft, die nicht zur Erkenntnisschaft, zum Verstehenwollen kommt, weil sie keine über die technische Vermarktung hinausgehenden Fragen an die Sache selbst hat.

Damit ist deutlich, was nur aufhilft: erst die Einzelheiten gründlich und interessevoll erkunden und dann aus ihnen heraus die Fragen stellen, die zu den in den Dingen selbst liegenden Zusammenhängen führen. Nicht die Analyse verachten *und* nicht die Synthese vergessen – darauf kommt es an. Wie leicht einzusehen – und wie schwer auszuführen!

Man hat aus dem Goetheanismus und auch aus der Anthroposophie häufig allzu gerne ein sofortiges ganzheitliches Verständnis abgeleitet. Doch Goethe hat oft und besonders noch einmal in seiner letzten Schrift *Philosophie zoologique* für beide Erkenntnisprozesse geworben als die ewige Diastole und Systole des Geistes. In der *Farbenlehre* (Didakt. Teil, Nr. 739) heißt es:

«Das Geeinte zu entzweien, das Entzweite zu einigen, ist das Leben der Natur; dies ist die ewige Systole und Diastole, die ewige Synkrisis und Diakrisis, das Ein- und Ausatmen der Welt, in der wir leben, weben und sind.»

Und noch deutlicher in «Einwirkungen der neuern Philosophie»:

«... denn ich hatte doch in meinem ganzen Leben, dichtend und beobachtend, synthetisch, und dann wieder analytisch verfahren; die Systole und Diastole des menschlichen Geistes war mir, wie ein zweites Atemholen, niemals getrennt, immer pulsierend.»

Wer also Goethe nur zum ganzheitlichen Holisten macht, kennt seinen Denkatem nicht und reduziert ihn um die Hälfte. Steiner nannte einmal dieses geistige Atmen zwischen dem Wahrnehmen im Einzelnen und dem Denken im Ganzen «den neuen Yogawillen» (GA 194:99). Vermächtnishaft hat er in seinem letzten Vortragskurs (GA 243, Torquay 1924) von den wahren und den falschen Wegen der Forschung gesprochen und eben auch für die Geistesforschung deutlich gemacht: Der Weg vom Ganzen in die Einzelheiten war der in der alten Theosophie Blavatzkyscher Tradition. Gesund, weil weiterführend sei es jedoch heute, wenn man immer erst die Einzelheiten ernst nimmt und sich von ihnen aus hin zu den umfassenden Zusammenhängen den Weg bahnt. Dann erst sei es Anthroposophie.

Hat man sich diesen gewaltigen Unterschied verdeutlicht, dann wird auch die in Amerika und nun ebenfalls in Europa wieder aufgebrochene Auseinandersetzung zwischen der darwinistischen Naturwissenschaft und den kirchlich-sektenhaft gebundenen Vertretern einer planenden, die Zukunft schon festlegenden Gottheit für die Bewusstseinsseele als fruchtloser Schlagabtausch deutlich – auch wenn die zweite Seite in den öffentlichen Gerichtsprozessen um die Biologie im Schulunterricht vermeidet, sich auf religiöse Begriffe zu beziehen, denn die amerikanische Verfassung verlangt z.B. im Schulwesen die strikte Trennung von Staat und Religion; also spricht man von einer irgendwie vorausschauenden Intelligenz, dem «Intelligent Design». Dies war der einst berechtigte Ansatz der Antike. Er lässt sich bis zum frühgriechischen Denker Leukipp zurückverfolgen: «Kein Ding entsteht planlos, sondern alles aus Sinn und unter Notwendigkeit» (s. Diels). Der Ablauf des Weltgeschehens wurde und wird von vielen noch heute als geistig und/oder auch physisch deterministisch vorherbestimmt gedacht.

Entweder war es eine planende Allvernunft, oder/und es waren die «ehernen» Naturgesetze, die gesicherte Verhältnisse versprachen. Wir haben gesehen, wie mit Beginn der Neuzeit eine viel unbestimmtere, aber dadurch viel zukunftsoffenere Weltzuwendung sich durchgesetzt hat. Der Mensch erhielt zunehmend mitentscheidende Entschluss- und Handlungsfreiheit.

Doch die Bewusstseinskonsequenzen sind noch immer nicht allgemein daraus gezogen worden. Das zeigt die vielfach kontroverse öffentliche Diskussion um den Zufallsbegriff. Das Hauptargument gegen die Evolutionsanschauung, wie sie sich in den letzten dreihundert Jahren herausgebildet hat, ist, dass sie jedes planende, vorausschauende Bewusstsein – von wem auch immer – ausgeschieden hat. Soll damit die wundervolle, hochgeordnete Welt der sich sichtlich im Laufe der Erdgeschichte weiter gesteigerten Organismen aus dem blinden Zufall abgeleitet werden? Um 1880/1890 brandete um diese Frage ein harter Kulturkampf. Doch die einstigen Waffen beider daran beteiligten Kirchen blieben stumpf gegenüber den Sachargumenten der Naturwissenschaften. Der Evolutionsbiologe Ernst Mayr stellte heraus, dass Darwin in seiner Evolutionstheorie fünf voneinander unterscheidbare Theoreme gebündelt hat, von denen jedes auch ohne die Annahme der jeweils vier anderen in sich gültig ist (Mayr 1985). Unterscheiden wir wenigstens zwei voneinander:

1. Die Anerkennung der Evolution als solcher, geschehen durch Wandel in allen systematischen Kategorien, eben auch durch Artenwandel.

2. Die Ermittlung der kausalen Faktoren und damit die Erklärung durch sie.

Und wo bleiben die finalen Ursachen? Goethe und an ihn sich anschließend Steiner haben ihre Ablehnung derselben für das Naturgeschehen gleicherweise bekundet. Goethe verdankt diese Abklärung Kant:

«Nun aber kam die Kritik der Urteilskraft mir zu Händen, und dieser bin ich eine höchst frohe Lebensepoche schuldig. [...]. Die Erzeugnisse dieser zwei unendlichen Welten [Natur und Kunst] sollten um ihrer selbst willen da sein, und was nebeneinander, stand wohl füreinander, aber nicht absichtlich wegen einander.

Meine Abneigung gegen die Endursachen [= Zwecke, Ziele) war nun geregelt und gerechtfertigt; ich konnte deutlich Zweck und Wirkung unterscheiden, ich begriff auch, warum der Menschenverstand beides oft verwechselt.» (Einwirkung der neueren Philosophie, 1820)

In seinen Papieren zum «Ersten Entwurf einer allgemeinen Einleitung in die vergleichende Anatomie.» heißt es lapidar: «Völlige Entsagung des Endzwecks» (WA II 13;195).

Nun ist jedem mit Goethes Naturwissenschaft Vertrauten dessen ablehnende Stellung zur Teleologie in der Natur klar, und es erhebt sich die Frage, wieso diese Zitationen überhaupt noch notwendig sind. Es gibt eben immer noch zu viel Obskuranten, die als peinliche Verehrer wie auch krude Gegner aus Unkenntnis Goethes den naturwissenschaftlichen Goetheanismus für die Auffassung einer zweckmäßig-zielstrebigen Natur halten. Gegen eine solche Verkirchlichung hat sich Goethe genugsam gewehrt. Ihm lagen die Freiheitsgrade im Naturgeschehen näher als jeglicher Determinismus:

«Es sollte nicht E-volution sein, auch nicht Epi-genese im angenommenen Sinne [des 18. Jahrhunderts d. R.], nicht Präformation nicht Prädivination, weil all diese Worte den Begriff eines freien Wesens beschränken.» (WA II 13:51)

Und noch deutlicher zu Eckermann am 12.10.1825: «Sobald wir dem Menschen die Freiheit zugestehen, ist es um die Allwissenheit Gottes getan; denn sobald die Gottheit weiß, was ich tun werde, bin ich gezwungen zu handeln, wie sie es weiß.»

Steiner legte dringend den Lehrern der Waldorfschule nahe, keine billigen Zweckmäßigkeitserklärungen im Unterricht vorzubringen. Damit ist der Geist nicht zu retten:

«Vollständig vermieden muss werden irgendeine oberflächliche Zweckmäßigkeitslehre. Also der anthroposophische Religionsunterricht darf ja nicht nach dem Muster jener Zweckmäßigkeitslehre irgendwie orientiert sein, die da sagt: ‹Wozu findet man an dem Baume Kork? – Damit man Champagnerpfropfen machen kann. Das hat der liebe Gott weise eingerichtet, damit man Kork hat zu Pfropfen.› Dieses, dass etwas da ist ‹wozu›, das wie menschliche Absicht waltet, und in der Natur sich auslebt, das ist Gift; das darf nicht entwickelt werden. Also ja nicht banale Zweckmäßigkeitsvorstellungen in die Natur hineintragen.

Ebenso wenig darf die Vorstellung gepflegt werden, die die Menschen so sehr lieben, dass das Unbekannte ein Beweis des Geistes ist. Nicht wahr, die Menschen sagen: ‹Oh, das kann man nicht wissen, da offenbart sich der Geist.› Statt dass die Menschen die Empfindung bekommen: ‹man kann vom Geiste wissen, der Geist offenbart sich in der Materie›, werden die Menschen so sehr darauf hingelenkt, dass da, wo man sich etwas nicht erklären kann, ein Beweis ist für das Göttliche.

Diese zwei Dinge sind also streng zu vermeiden, oberflächliche Zweckmäßigkeitslehre und solche Wundervorstellungen, die also das Wunder geradezu suchen als einen Beweis des göttlichen Waltens.» (GA 300 I:99/100, 26.9.1919; siehe auch Thomas von Aquino, hier S. 11/12)

Nun lehnen ja Goethe wie Steiner auch den Anspruch einer bloß mechanistischen, chemophysikalischen Erklärung des Evolutionsgeschehens ab. Ist das nicht ein Widerspruch zu ihrer Ablehnung der Ziel- und Zweckmäßigkeitslehre? Insoweit nicht, als beide Interpretationsbedürfnisse – die kausale wie die finale – gleicherweise deterministisch sind: einmal durch die «ehernen Naturgesetze» anscheinend notwendig bestimmt, im anderen Fall durch einen geistigen Determinismus fertig vorgegebener Planungen der «Natur» oder «Gottes». Die Determinismen der Physik des 19. Jahrhunderts sind im Grundsatz in der Quantenmechanik und der Chaostheorie des 20. Jahrhunderts dahingeschwunden und gelten nur noch eingegrenzt. Dass nun auch der geistige Determinismus zu durchbrechen ist, das ist der wichtige Wurf Steiners (GA 13:137ff.). In seinem Entwurf der zeitlich weit über den naturwissenschaftlich feststellbaren Rahmen zurückreichenden planetarischen Evolution wird ein gewaltiger Schöpfungsplan einbezogen, der sich in riesigen Räumen der Zeit, wechselnd mit solchen der Zeitlosigkeit, entfaltet. Aber im Fortschreiten der Entwicklung bleiben immer auch geistige Wesenheiten zurück, die als Widersacher die vorgesehene Entwicklung durchkreuzt haben und weiter durchkreuzen und dadurch das Element der Freiheit, eben auch der Unabhängigkeit von Zukunftsvorgaben, einbringen. Wie in der naturwissenschaftlich fassbaren Welt Determinismus und Indeterminismus zugleich vorhanden sind, so auch in der Wirkwelt der geistigen Wesen.

Das ist von den Kirchen und Sekten, die einen bloßen Kreationismus vertreten, seit Jahrhunderten vergessen worden. Ebenso droht es in der anthroposophischen Wissenschaftswelt entgegen ihrem Begründer vergessen zu werden. In Steiners geistiger Forschung lässt sich selbst eine Evolution in diesen Fragen verfolgen.

Im Juli 1904 bespricht er in der von ihm herausgegebenen Zeitschrift *Luzifer-Gnosis* (GA 34:361) die Frage: «Gibt es einen Zufall?» Und er bejaht ihn für die Erdenwelt:

«In der physischen Welt von ‹Zufall› sprechen, ist gewiss nicht unberechtigt: Und so unbedingt der Satz gilt: ‹Es gibt keinen Zufall›, wenn man *alle* Welten in Betracht zieht, so unberechtigt wäre es, das Wort ‹Zufall› auszumerzen, wenn bloß von der Verkettung der Dinge in der physischen Welt die Rede ist. [...] Sie setzen zum Beispiel voraus: Wenn diesen Menschen ein Ziegelstein beschädigt hat, so muss er sich diese Beschädigung verdient haben. Das ist aber durchaus nicht notwendig. Im Leben eines jeden Menschen treten fortwährend Ereignisse auf, die mit seinem Verdienst oder seiner Schuld in der Vergangenheit durchaus nichts zu tun haben. Solche Ereignisse finden ihren karmischen Ausgleich *eben in der Zukunft.*»

Karma, Zufall und Freiheit brauchen sich keineswegs zu widersprechen. Denn es gehört zum Karmageschehen ebenso wie das in der Vergangenheit verursachte Schicksalsgeschehen auch die völlig unabhängig, in Freiheit vom bisherigen Karma unternommene menschliche Handlung dazu, mit der wir selbstentschieden zukünftiges Karma vorbereiten können. Gerade das Letztere kann der Mensch am besten in der physischen Erdenwelt, weil hier eben nicht die geistige Notwendigkeit allein, sondern auch der freilassende Zufall herrscht.

1913 geht Rudolf Steiner noch weit darüber hinaus und schildert in dem Evolutionskapitel seiner *Geheimwissenschaft*, wie der Abfall Luzifers aus der allgemeinen göttlichen Weltordnung dieses Element der Freiheit nicht nur für die Erdenentwicklung, sondern den ganzen Kosmos bewirkt. Seine Freiheit ist immer eine *Freiheit von* etwas, eben die emanzipatorische

Freiheit, die heute mehr denn je das biographische Bedürfnis der Menschen ausmacht. Die Absonderung von der vorgegebenen Weltenordnung, der Sündenfall, war die Voraussetzung der menschlichen Freiheit (s. auch Müller 2004).

1915 hielt Steiner im begonnenen 1. Weltkrieg acht Vorträge unter dem Titel *Zufall, Notwendigkeit und Vorsehung* (GA 163, 23.8.–6.9.1915). Schon die Wortwahl macht deutlich, dass die Notwendigkeit von der einmal geschehenen, nun unveränderlich gewordenen Vergangenheit ausgeht. Die Vorsehung hingegen zielt in die Zukunft und möchte sie festlegen. Der Zufall aber ist der von beiden Seiten unbeeinflusste, also von Notwendigkeit und Vorsehung freie Moment dessen, was uns im Augenblick der Gegenwart zufällt oder wir der Welt zukommen lassen. An einem Beispiel, das wir zur Vermeidung allzu großer Längen hier nicht bringen, sondern der Lektüre des Lesers überlassen, schließt Rudolf Steiner eine Schilderung des Bewusstseinsspiegels an und resümiert:

«Indem Sie so etwas überlegen, erhalten Sie den Begriff des Zufalls. [...]

In dieser Form ist der Zufall durchaus ein gültiger Begriff. [...] Gerade dieser Gedanke ist ja in meiner ‹Philosophie der Freiheit› ausgeführt. Aber der Freiheitsbegriff schließt den Zufallsbegriff notwendigerweise in sich.» (S. 76 u. 78)

Indem die Naturwissenschaft den Begriff des Zufalls in die Evolutionslehre eingebracht hat, hat sie unbeabsichtigt das Freiheitselement des Indeterminismus in sie eingebracht und gerade auch die Menschwerdung von kausalistischer Notwendigkeit und deterministischer göttlicher Vorsehung befreit. Gerade dadurch ist das frei spiegelnde Bewusstsein des Menschen möglich geworden. Davor graut jedem, der sich lieber von der väterlichen Fürsorge seines Gottes fertig versorgt sehen will. Hubert Markl und Axel Meyer schrieben hingegen mit Recht in der *Frankfurter Allgemeinen:* «Ein Schöpfer gewährt Entwicklungsfreiheit. Die Irrtümer der Lehre vom ‹intelligent design›» (17.9.2005). Man nehme Rudolf Steiners bisher kaum untersuchtes Wort hinzu:

«Wenn die Darwinisten nur wüssten, welche hochspirituelle Entdeckung sie gemacht haben.»

Dabei muss man durchaus zwischen Darwin und dem späteren Darwinismus unterscheiden. Darwin vermutete noch eine im Prinzip streng kausal determinierte Evolution. Davon hat sich der heutige Darwinismus gelöst und kommt dadurch dem offenen Ansatz Steiners sehr viel näher, ohne es zu wissen.

Es ist dabei das Anliegen des anthroposophischen Ansatzes, das Element echter Entwicklung gerade auch in den Bereich göttlich-geistiger Wesen mitzuverfolgen. So wagte Rudolf Steiner schon 1906 die Weiterführung:

«Als der Mensch hier ins Dasein trat, war er nicht aus dem Nichts heraus geschaffen, sondern er entstand aus früheren, viel früheren Entwicklungsgliedern. Aber auch andere Wesen haben solche Entwicklungen durchgemacht. Sie standen über den Menschen. Die Religion, auch die Bibel, spricht von diesen Wesenheiten. [...] Auch die Götter haben sich, selbst im Sinne der Bibel, entwickelt. Die Elohim sind nicht etwas, was einfach dasteht, sondern sie sind etwas, was geworden ist und sich zu jener Höhe hinaufentwickelt hat.» (GA 54, 22.2.1906)

Paulus selbst wagte einst an die Hebräer zu schreiben (5,8): «So hat er, wiewohl er Gottes Sohn war, doch an dem, was er litt, Gehorsam gelernt.»

Ernst Barlach nannte seinen Zyklus von Zeichnungen, in denen er die sieben Schöpfungstage darstellte, «Die Wandlungen Gottes».

Wenn Gott einen ewigen, *unveränderlichen* Schöpfungsplan entworfen hätte, nähme er sich nicht die Freiheit, die Freiheit in der Welt gradweise zuzulassen. So spricht Steiner einmal in bewegter und bewegender Weise davon (GA 143:209, 17.12.1912), dass einst Gott alle drei Fähigkeitsattribute besaß: die Allmacht, die Allliebe und die Allwissenheit. Gott habe aber inzwischen die Macht Ahriman überlassen, Luzifer die Weisheit, selbst aber die Liebe behalten. – Dadurch hat er sich selbst verändert. Hierin liegt eine tiefe Christologie.

Oben wurde schon erwähnt, dass die drei Religionsbekenntnisse des Judentums, der katholischen und der evangelischen Kirche nun auch begonnen haben, diesen selbstvollzogenen Wandel Gottes zu bemerken.

Das macht das neue Verhältnis des neuzeitlichen Menschen zu Gott immer mehr aus: Gott zwingt ihn nicht mehr zu seinem Glück, wie es viele so gerne noch hätten. Die Engel haben sich zurückgezogen, aber nur um zu warten, ob der Mensch in Freiheit wieder auf sie zugeht. Kann er seine gewonnene *«Freiheit von»* der geistigen Welt zu einer *«Freiheit für»* die geistige Welt einsetzen? Offensichtlich ist der geistigen Welt eine freie Zuwendung des Menschen lieber als eine von ihr fertig vorherbestimmte Zuwendung desselben zu ihr.

Das aber heißt für das Evolutionsverständnis des Menschen, dass er nicht nur eine vorgegebene Sinnhaftigkeit in der Natur zu finden erwarten darf, sondern der sinnlose Zufall, den er ebenso vorfindet, gibt ihm erst die volle Freiheit, selbst Sinnhaftes und Sinnvolles neu zu schöpfen und verbindlich in das Weltgeschehen einzubringen, wie es Johannes Kühl auf der Evolutionstagung am Goetheanum (13.-16.10.2006) ausgesprochen hat.

Wäre um uns alles sinnvoll, könnten wir uns beruhigt dem Weltgeschehen überlassen. Das Gegenteil aber wird die Aufgabe werden. Diesen Gang der Evolution fasste Rudolf Steiner in dem hier abschließenden Spruch zusammen:

Sterne sprachen einst zu Menschen,
Ihr Verstummen ist Weltenschicksal;
Des Verstummens Wahrnehmung
Kann Leid sein des Erdenmenschen;

In der stummen Stille aber reift,
Was Menschen sprechen zu Sternen;
Ihres Sprechens Wahrnehmung
Kann Kraft werden des Geistesmenschen.

(Für Marie Steiner, 25.12.1922, GA 40:143)

Literatur

Copray, N.: Ist Gott grausam oder leidet er selbst? In: *Publik-Forum* Nr. 7, 7.4.1995.

Darwin, Ch.: *Über den Ursprung der Arten* (1859). (Wiss. Buchgesellschaft) Darmstadt 1992.

Diels, H.: *Die Fragmente der Vorsokratiker*. (rororo) Hamburg 1957.

Hegel, G.: *Phänomenologie des Geistes* (1807). S. 173 (Voltmedia) Paderborn o.J.

– : *Grundlinien der Philosophie des Rechts* (1821). S. 16. (Ullstein) Frankfurt/Main 1972.

Jonas, H.: *Der Gottesbegriff nach Auschwitz*. (Suhrkamp) Frankfurt/Main 1984.

Koch, J. u. von Pfeil in: FEBS Letters 17:312–314. 1971

Lindenau, C.: Nach Auschwitz. Ein Grenzerlebnis von Hans Jonas und sein Versuch, das Verhältnis von Gott und Mensch neu zu bestimmen. In: *Die Drei* 66 (5):409-415. Stuttgart 1996.

Mayr, E.: Darwin's five theories of evolution. In: Kohn, D. (Hrsg.): *The Darwinian Heritage*. (Princeton Un. Pr.) Princeton 1985.

Mayer-Abich, A.: *Krisenepochen und Wendepunkte des biologischen Denkens*. (G. Fischer) Jena 1935.

Meffert, E.: *Nikolaus von Kues*. (Verl. Freies Geistesleben) Stuttgart [1]1982, [2]2001.

Moltmann, J.: *Gott in der Schöpfung. Ökologische Schöpfungslehre*. München 1985, Gütersloh 2002.

Müller, E.: *Rehabilitation der Sünde*. (Radius Verlag) Stuttgart 2004.

Pannenberg, W.: *Systematische Theologie*. Bd. II: 42. (Vandenhoeck & Ruprecht) Göttingen 1991.

Rath, W.: *Drei Bildbände zu Rudolf Steiners Lebensgang*. Bd. 1 (Die Jugendzeit). (Verl. Die Kommenden) Freiburg i. Br. 1971.

Schad, W.: Biologisches Denken. In: Schad, W. (Hrsg.): *Goetheanistische Naturwissenschaft* Bd. 1. (Verl. Freies Geistesleben) Stuttgart 1982.

– : *Die Zeitintegration als Evolutionsmodus*. Habilitationsschrift Univ. Witten/Herdecke 1997.

– : Zeitgestalten der Natur. Goethe und die Evolutionsbiologie. In:

Matussek, P. (Hrsg.): *Goethe und die Verzeitlichung der Natur.* S. 345–382. Beck, München 1998.
– : Was ist Imagination? In: Halfen, R. u. Neider, A. (Hrsg.): *Imagination.* (Verl. Freies Geistesleben) Stuttgart 2002.
– : «Goethe als Evolutionist.» In: Plestil, D. u. Schad, W. (Hrsg.): *Naturwissenschaft im Anliegen Goethes.* (Johannes Mayer Verlag) Stuttgart 2007.
Schiwy, G.: *Abschied vom allmächtigen Gott.* (Kösel) München 1995.
Schnabel, D.: Ich habe mitgedacht. Eine Geschichte Adolf Eichmanns. In: *Stuttgarter Wochenblatt*, 3.12.1987.
Sitte, P.: *Zellen in Zellen. Endocytobiose und ihre Folgen. Verhandlungen der Gesellschaft Deutscher Naturforscher und Ärzte, 13.–16.9.1986 München.* (Wiss. Verlagsges.) Stuttgart 1987.
– : Die Zelle in der Evolution. In: *Biologie in unserer Zeit* 21 (2):85–92. Weinheim 1991.
Swimme, B.: *Das verborgene Herz des Kosmos.* (Claudius) München 1997.
Varmus, H.: Reverse Transkription. In: *Spektrum der Wissenschaft,* H. 11, S. 112–119. Heidelberg 1987.
Westphal, W. H.: *Physik. Ein Lehrbuch.* S. 721. (Springer) Berlin, Göttingen, Heidelberg 1953.
Yourgrau, P.: *Gödel, Einstein und die Folgen.* (Beck) München 2005.

Jost Schieren

Goethes Perspektive der Entwicklung

Existenzialität

Die Ausgangsthese dieser Betrachtung lautet, dass Entwicklung im Goetheschen Verständnis ein *offener* Prozess ist. Das Ziel einer Entwicklung kann nicht antizipiert werden, was heißt, dass Entwicklung nicht planbar ist. Man kann kein in irgendeiner Art beschreibbares Entwicklungs*ziel* angeben, etwa in der Form, dass man bezogen auf die individuelle Entwicklung sagen würde: «Ich stehe jetzt an dem und dem Punkt und habe folgendes Ziel vor Augen und wenn ich die Strecke dahin bewältige, so erreiche ich dieses Ziel. Ich habe mich dann zu diesem Ziel hinentwickelt.» Dies ist nicht möglich. Entwicklung ist nicht vorhersehbar. Zugleich ist sie aber eine unabdingbare Eigenschaft des Menschen. In Anlehnung an den bekannten Satz aus Schillers *Ästhetischen Briefen* ließe sich im Sinne Goethes sagen: *Der Mensch ist nur da ganz Mensch, wo er sich entwickelt.*

Die zentrale Gestalt von Goethes «Entwicklungsidee» ist Faust. Er wird als der *strebende Mensch* schlechthin verstanden. Dies geht so weit, dass Faust im Teufelspakt bzw. in der Wette Mephisto zusagt, dass dieser in dem Moment gewonnen habe, wo Faust befriedigt werde, wo er den Wunsch aufgebe, sich weiter zu entwickeln. Es heißt:

«Werd' ich beruhigt je mich auf ein Faulbett legen,
So sei es gleich um mich getan!
...
Werd' ich zum Augenblicke sagen:
Verweile doch! du bist so schön!
Dann magst du mich in Fesseln schlagen,
Dann will ich gern zugrunde gehn!»

(HA Bd. 3, S. 57, Z. 1692ff)

Faust begreift die Unzufriedenheit, die ihn erfüllt, als Agens der Entwicklung. Würde er befriedigt werden, so würde er seine Identität als sich entwickelnder Mensch verlieren, er würde seine eigene Identität verlieren. Dies ist sein Wetteinsatz:

«Nur keine Furcht, dass ich dies Bündnis breche!
Das Streben meiner ganzen Kraft
Ist grade das, was ich verspreche.» (HA Bd. 3, S. 58, Z. 1742f)

An der Faustgestalt wird die Existenzialität von Goethes Entwicklungsbegriff ersichtlich. Es liegt darin aber auch ein gewisser Spannungsgegensatz: Entwicklung im Goetheschen Sinne bedeutet einerseits die einzig mögliche Form der Identität, des Bei-sich-selber-Seins und zugleich die Bereitschaft – wenn Entwicklung als *offener* Prozess begriffen wird – des vollständigen Von-sich-lassen-Könnens. Die Spannung liegt darin, dass Entwicklung im Goetheschen Sinne einen Identitätsgewinn in der Identitätsaufgabe verspricht.

Genetischer Erkenntnisbegriff

Nachfolgend sei dieses Goethesche Verständnis von Entwicklung anhand seines Erkenntnisbegriffes näher herausgearbeitet. Goethes Erkenntnisbegriff zeichnet sich dadurch aus, dass er ein dynamischer Erkenntnisbegriff ist. Erkenntnis bedeutet Entwicklung. Das klingt zunächst nicht sehr spektakulär, hat aber eine außerordentliche Bedeutung, wenn man diesen Erkenntnisbegriff an dem gegenwärtig populären positivistischen Wissens- und Wissenschaftsbegriff misst. Im gewöhnlichen Bildungsverständnis an Schulen und Universitäten geht man mehr oder minder von einem *statischen* Wissensbegriff aus. Das Wissen liegt in gesammelter lexikalischer (inzwischen digitalisierter) Form vor und wird als solches vom Individuum aufgenommen. Dabei reift das Individuum selbstverständlich, aber im Kern ändert sich weder das Wissen noch der Mensch. Es ist eine statische Adaption. Allein durch die Diskussion um den sogenannten *Kompetenzbegriff* kommt eine neue Facette hinzu. Hierbei wird aber nicht die Statik des Wissens als solche in Frage gestellt, es geht eher um die Fähigkeit der Generierung von neuem Wissen und um die flexible, eigenständige und sachgerechte Anwendung von Wissen.

Goethes Wissens- bzw. Erkenntnisbegriff ist demgegenüber als solcher dynamisch aufzufassen. Er ist nicht statisch. Goethes Wissensbegriff zielt auf eine Entwicklung des Individuums. Goethe hat das Ziel, mit seiner Erkenntnis den Grund der Dinge zu erreichen. Es heißt in dem Eingangsmonolog des *Faust:*

> «dass ich erkenne, was die Welt
> Im Innersten zusammenhält.

Schau alle Wirkenskraft und Samen
Und tu nicht mehr in Worten kramen.»
(HA Bd. 3, S. 20, Z. 382ff)

Das ist Fausts bzw. Goethes Bedürfnis nach einer *Wesenserkenntnis*. Aber Faust kommt zu der agnostischen Einsicht:

«Und sehe, dass wir nichts wissen können,
Das will mir schier das Herz verbrennen.
...
Es möchte kein Hund so länger leben!»
(HA Bd. 3, S. 20, Z. 364ff)

Der Weg der wissenschaftlichen Erkenntnis im Goetheschen Sinne ist versperrt. Faust erlangt auf diesem Wege keine tiefere Einsicht in das Wesen der Dinge. Daher sucht er andere Wege, um sein Erkenntnisziel zu erlangen:

«Drum hab' ich mich der Magie ergeben,
Ob mir durch Geistes Kraft und Mund
Nicht manch Geheimnis werde kund;»
(HA Bd. 3, S. 20, Z. 377ff)

Es gelingt ihm, den Erdgeist herbeizurufen. Der Erdgeist wird als eine Gestalt beschrieben, die als der Grund der Dinge begriffen werden kann. Seine Selbstdarstellung zeigt, dass *er* die wirkende Kraft ist, die die Welt *im Innersten zusammenhält*:

«In Lebensfluten, im Tatensturm
Wall ich auf und ab,
Webe hin und her!

Geburt und Grab,
Ein ewiges Meer,
Ein wechselnd Weben,
Ein glühend Leben,
So schaff ich am sausenden Webstuhl der Zeit,
Und wirke der Gottheit lebendiges Kleid.»
(HA Bd. 3, S. 24, Z. 501ff)

Faust ist begeistert von dieser Begegnung. Er sieht sich am Ziel seiner Erkenntnissehnsucht:

«Der du die weite Welt umschweifst,
Geschäftiger Geist, wie nah fühl ich mich dir!»
(HA Bd. 3, S. 24, Z. 510f)

Aber er muss die niederschmetternden Worte hören:

«Du gleichst dem Geist, den du begreifst,
Nicht mir!» (HA Bd. 3, S. 24, Z. 512f)

Wenn diese Aussage prinzipiell gilt, so beinhaltet sie einen Verdikt gegen jegliche Erkenntnisentwicklung. Das Erkennen gleicht in allem allein sich selbst. Es kann die Grenzen seiner selbst, seiner Subjektivität nicht überwinden. Es ist subjektgebunden und kann nicht zum Grund der Objekte vordringen. In der Philosophie von Goethes Zeit wurde diese erkenntniskritische Position von Immanuel Kant vertreten. Er hat in seiner *Kritik der reinen Vernunft* eine ähnliche Form des Zurückgeworfenseins des Erkennens auf sich selbst zum Ausdruck gebracht. Es heißt:

«Denn Gesetze existieren eben so wenig in den Erscheinungen, sondern nur relativ auf das Subjekt, dem die Erscheinungen inhärieren, so fern es Verstand hat, als Erscheinungen nicht an sich existieren, sondern nur relativ auf dasselbe Wesen, so fern es Sinne hat. Allein Erscheinungen sind nur Vorstellungen von Dingen, die nach dem, was sie an sich sein mögen, unerkannt da sind. Als bloße Vorstellungen aber stehen sie unter gar keinem Gesetze der Verknüpfung, als demjenigen, welche das verknüpfende Vermögen vorschreibt.» (Kant 1974, S. 156)

Subjekt und Objekt sind in diesem Verständnis streng geschieden. Das erkennende Subjekt kann vom Objekt im Kern nichts wissen. Das von Kant so bezeichnete *Ding an sich* bleibt unerkannt. Diese Diagnose des gewöhnlichen Erkenntnisvorganges hat Goethe auch an Kant gewürdigt. Die Leistung Kants liegt nach Goethe darin – und damit stimmt er wesentlich mit der allgemeinen Kant-Rezeption überein –, dass Kant auf die Beteiligung des Subjektes beim Zustandekommen von Erkenntnis aufmerksam gemacht habe:

«Kants System ist nicht umgestoßen. Dieses System oder vielmehr diese Methode besteht darin, Subjekt und Objekt zu unterscheiden; das Ich das von einer beurteilten Sache urteilt mit dieser Überlegung, das bin doch immer ich der urteilt.» (Biedermann Bd. II, S. 402)

Und in einem Brief an Staatsrat Schultz vom 18.9.1831 heißt es bei Goethe:

«Ich danke der kritischen und idealistischen Philosophie, dass sie mich auf mich selbst aufmerksam gemacht hat, das ist ein ungeheurer Gewinn ...»(HA Br. Bd. 4, S. 450)

Goethe erkennt demnach an, dass Kant auf die Subjektbedingtheit des Erkennens hingewiesen hat. Allerdings sieht er darin keine prinzipielle Bedingtheit, denn er fährt fort: «... sie [die kritische und idealistische Philosophie; J.S.] kommt aber nie zum Objekt, dieses müssen wir so gut, wie der gemeine Menschenverstand zugeben, um am umwandelbaren Verhältnis zu ihm die Freude des Lebens zu genießen.» (ebd.)

Goethe wollte an dieser Grenze nicht stehenbleiben. Er wollte zum Objekt, zu demjenigen, was die Welt *im Innersten zusammenhält*, gelangen. Er war der Überzeugung, es sei möglich, dass das menschliche Erkennen die Gesetzmäßigkeiten in den Dingen der Welt erfassen könne. Dies ist – das sei angeführt – eine wissenschaftstheoretisch gegenwärtig außerordentlich unpopuläre These, die mit der Begrifflichkeit des sogenannten mittelalterlichen Universalienstreites als *Begriffsrealismus* bezeichnet wird. Der Universalienstreit behandelte die Frage, ob die Begriffe, die der Mensch sich bildet, bloß Namen für die Dinge seien und mit ihnen ontologisch nichts zu tun haben (Position des *Nominalismus*) oder ob in den Begriffen tatsächlich das Sein der Welt real existent erfassbar sei (Position des *Realismus*). Der wissenschaftstheoretische Konsens geht gegenwärtig dahin, allein die nominalistische Position gelten zu lassen, was heißt, dass man ein methodisches und begriffstheoretisches Instrumentarium wissenschaftlich entwickelt, um sich die Welt zu erklären, sich aber nicht anmaßt, damit einen – wenn auch nur partikularen – Wahrheitsanspruch zu verknüpfen. Radikal wird diese Haltung durch den Konstruktivismus – der eigentlich die Kantsche Position fortführt – vertreten. Bei Ernst von Glasersfeld heißt es dazu:

«Wissen aus konstruktivistischer Sicht ... bildet die Welt überhaupt nicht ab, es umfasst vielmehr Handlungsschemas, Begriffe und Gedanken, und es unterscheidet jene, die es für brauchbar hält, von den unbrauchbaren. Mit anderen Worten, Wissen besteht in den Mitteln und Wegen, die das erkennende Subjekt begrifflich entwickelt hat, um sich an die Welt anzupassen, die es erlebt.» (Glasersfeld 1996, S. 210)

Das Subjekt ist demnach – im Sinne des Ausspruches des Erdgeistes – auf sich selbst zurückgeworfen. Erkenntnisleistungen sind allein Abbildungen der subjektiven Erkenntnisbedingungen, die den Wert haben, gegebenenfalls «brauchbar» zu sein, d.h. dass sie im weitesten Sinne der Lebensbewältigung dienen. Goethe hat den Repräsentanten eines solchen Erkenntnisbegriffes in der Gestalt *Wagners* dargestellt. Er vertritt die Position eines allein additiven Bücher- und Gelehrtenwissens, welches nicht auf den wahrheitsorientierten Entwicklungsprozess, sondern auf die Summation der Wissensinhalte ausgerichtet ist:

«Zwar weiß ich viel, doch möcht' ich alles wissen.»

(HA Bd. 3, S. 26, Z. 601)

Goethes Wissens- und Erkenntnisbegriff ist anders orientiert. Programmatisch formuliert er das Ideal seines Forschens wie folgt:

«... dass wir uns, durch das Anschauen einer immer schaffenden Natur, zur geistigen Teilnahme an ihren Produktionen würdig machten.» (HA Bd. 13, S. 30f.)

Dieses Erkenntnisideal hat verschiedene Implikationen. Zum einen weist Goethe dem *Anschauen* bzw. der *Anschauung* eine entscheidende erkenntnisleitende Funktion zu. Im Gegensatz zu Kant postuliert er einen «intellectus archetypus», der – anders als der «intellectus ectypus» – unmittelbar zu einer geistigen Anschauung zum Wesen der Dinge vorzudringen in der Lage sei. Des Weiteren blickt Goethe auf eine «immer schaffende Natur», d.h. auf eine nicht gewordene, sondern im

Werden begriffene Natur: *natura naturans* versus *natura naturata*. Dies korrespondiert mit der Aussage Fausts: «Schau alle Wirkenskraft und Samen ...» Und letztlich erachtet Goethe es für möglich, dass das menschliche Erkennen zu den Naturprozessen in ein teilnehmendes – nicht bloß zuschauendes und betrachtendes, sondern mitvollziehendes – Verhältnis tritt. Dies bedeutet, dass das Erkennen eine nicht nur epistemologische, sondern auch eine ontologische Stellung einnimmt.

Die Goethesche Methode

Es stellt sich die Frage, wie ein so hoher Erkenntnisanspruch methodisch umgesetzt wird. In seinem Aufsatz «Der Versuch als Vermittler von Objekt und Subjekt» macht Goethe zunächst auf den ursprünglichen Dualismus von Idee und Erfahrung aufmerksam. Es heißt:

«Sobald der Mensch die Gegenstände um sich her gewahr wird, betrachtet er sie in Bezug auf sich selbst ...»

(Goethe, HA Bd. 13, S. 10)

Dies ist eine Art psychologische Variante von Kants transzendentaler Apperzeption. Die Vermittlung von Objekt und Subjekt, die dabei geschieht, ist diejenige, dass das Subjekt das Objekt auf sich selbst, auf seine eigenen Bedingungen und Bedürfnisse bezieht. Da die psychologische Disponierung jedoch selten mit den Gegebenheiten des jeweiligen Objektes zusammenstimmt, ist der Mensch bei dieser Art, die Dinge anzusehen – wie Goethe darstellt –, *tausend Irrtümern* ausgesetzt. Es gilt nach Goethe die Selbstbezogenheit des gewöhnlichen Bewusstseins zu überwinden, indem der Forschende zunächst eine kritische Haltung gegenüber seinen Urteilsbildungen,

Theorien, Hypothesen und Vorstellungen, kurz gegenüber allen Leistungen des Verstandes, einnimmt. Goethe betrachtet Vorstellungen, Begriffe und Ideen, aus denen sich gewöhnlich wissenschaftliche Erkenntnisse formen, im Sinne Kants als subjektive Leistungen des menschlichen Verstandes, die tatsächlich zunächst keine notwendige Relevanz für die Objekterkenntnis haben. Es heißt:

«Theorien sind gewöhnlich Übereilungen des Verstandes, der die Phänomene gern los sein möchte und an ihrer Stelle deswegen Bilder, Begriffe, ja oft nur Worte einschiebt.» (Goethe, HA Bd. 12, S. 440)

Und an anderer Stelle:

«Der Mensch erfreut sich nämlich mehr an der Vorstellung als an der Sache, oder wir müssen vielmehr sagen: der Mensch erfreut sich nur einer Sache, insofern er sich dieselbe vorstellt, sie muss in seine Sinnesart passen, und er mag seine Vorstellungsart noch so sehr über die gemeine erheben, noch so sehr reinigen, so bleibt sie doch gewöhnlich nur eine Vorstellungsart ...» (Goethe, HA Bd. 13, S. 15)

Diese Darstellung erinnert an die von Thomas S. Kuhn herausgestellte paradigmatische Gebundenheit des Bewusstseins (vgl. Kuhn 1976). Die theoretische und im schlechteren Fall die psychologisch-habituelle Voreinstellung bestimmt die Sicht auf die Phänomene. Goethe versucht demgegenüber eine erkenntniskritische Haltung in Bezug auf eine theoriebeladene Wissenschaft einzunehmen. Dies heißt aber nicht, dass er sich auf der anderen Seite einem reinen Empirismus verpflichtet sieht. Er formuliert:

«Kein Phänomen erklärt sich an und aus sich selbst.» (Goethe, HA Bd. 12, S. 434)

Die Erfahrung gibt nicht von sich aus die Lösung ihres Rätsels preis. Sie erscheint vielmehr, sucht man sich wissenschaftlich allein an ihr zu orientieren, unüberwindbar.

«Empirie: Unbegrenzte Vermehrung derselben, Hoffnung der Hülfe daher, Verzweiflung an Vollständigkeit.»

(Goethe, HA Bd. 12, S. 366)

Die Empirie ist in diesem Verständnis das Fatum der Wissenschaft. Eine Erfahrung steht zusammenhanglos neben unzähligen anderen. Goethe spricht in einem Brief an Schiller vom 17.8.1797 von der «millionenfachen Hydra der Empirie» (Goethe Briefwechsel, S. 397).

Goethes Erkenntniskritik bezieht sich demnach gleichermaßen auf die Erfahrungs- wie auf die Denkanteile. Den kritischen Punkt sieht er in der Zusammenführung beider Elemente:

«... denn hier an diesem Passe, beim Übergang von der Erfahrung zum Urteil ... ist es, wo dem Menschen alle seine inneren Feinde auflauren ...» (Goethe, HA Bd. 13, S. 14)

Jedes Urteil, jede gebildete Vorstellung legt die Erfahrung auf die Sichtweise dieses Urteils, dieser Vorstellung fest. Aus diesem Grund besteht im Sinne von Goethes Methode nach dem ersten Schritt einer erkenntniskritischen Vergegenwärtigung von Erfahrung und Denken der zweite Schritt darin, die enge Vorstellungsfestlegung der Erfahrung «aufzulockern» (vgl. Jaszi 1973). Dies ist eine Art der Vorstellungsreduzierung, die in der Phänomenologie Edmund Husserls als *Epoché* bezeichnet wird (vgl. Husserl 1985). Eine Besonderheit des Goetheschen Verfahrens liegt jedoch darin, dass mit der Vorstellungsreduzierung in einem dritten Schritt eine Tätigkeitssteigerung einhergeht. Diese bezieht sich auf die Generierung von Begriffen und Ideen. Begriffe und Ideen haben in Goethes Verständnis keinen Ursprung in der Erfahrungswelt – hier unterscheidet er sich vom Empirismus –, sondern sind – hier stimmt Goethe mit Kant überein – Produkte des menschlichen Verstandes. Sie sind aber dennoch nicht subjektiv, sondern sind im Sinne eines platonisch-idealistischen Konzeptes auf sich selbst gegründet. Die scholastische Terminologie bezeichnet sie als *universalia ante res*, hingegen Vorstellungen und Urteile *universalia post rem* sind. Eine wirklichkeitsfähige wissenschaftliche Erkenntnis findet zu den *universalia in rebus*. Der Übergang von den *universalia ante res* zu den *universalia in rebus* findet statt, indem nach den Schritten der erkenntniskritischen Vergegenwärtigung von Erfahrung und Denken, der Vorstellungs- bzw. Urteilsreduzierung nun eine Ideengenerierung einsetzt, und zwar mit dem Ziel, Blicklenkungen auf die Erfahrungsseite zu ermöglichen. Rudolf Steiner stellt heraus, dass Goethe verschiedene Arten des Begriffsgebrauches kannte. Er führt folgendes Beispiel an:

«Ein anderes ist es, wenn A zu B sagt: ‹Betrachte jenen Menschen im Kreise seiner Familie und du wirst ein wesentlich anderes Urteil über ihn gewinnen, als wenn du ihn nur in seiner Amtsgebarung kennenlernst›; ein anderes ist es, wenn er sagt: ‹Jener Mensch ist ein vortrefflicher Familienvater.›» (Steiner GA Bd. 2, S. 24)

Was hier vorliegt, sind zwei unterschiedliche Urteilsformen. Einmal wird ein gegebener Sachverhalt beurteilt, und das andere Mal wird dieser Sachverhalt überhaupt erst in das Blickfeld gerückt. Herbert Witzenmann verdeutlicht diesen Unterschied, indem er von einem *urteilenden* und einem *blicklenkenden* Begriffsgebrauch spricht (vgl. Witzenmann 1978). In beiden Fällen werden Begriffe eingesetzt. Die Begriffe werden im ersten Fall dazu verwendet, ihren eigenen Zusammenhang, ihren eigenen Gehalt der Erfahrungsgegebenheit aufzuprägen. Damit ist der Erkenntnisprozess abgeschlossen. Im zweiten Fall werden Begriffe verwendet, um die Erfahrungsseite mit ihrer

Hilfe zu beleuchten und deren eigene Qualitäten aufzusuchen. Goethe spricht in diesem Zusammenhang davon, dass Begriffe bzw. Ideen eine Organfunktion haben:

«Eine Idee über Gegenstände der Erfahrung ist gleichsam ein Organ, dessen ich mich bediene, um diese zu fassen, um sie mir eigen zu machen» (Goethe HA Br. Bd. 2, S. 237).

Die Idee bzw. ein Begriff dient demnach nicht der nachträglichen Klassifikation, der Einordnung und Beurteilung von Erfahrungen, sondern ermöglicht erst deren Vergegenwärtigung und Aneignung. Auf Grundlage eines blicklenkenden Begriffsgebrauches ist die erwähnte Tätigkeitssteigerung der Ideen- und Begriffsbildung zugleich erfahrungsbezogen. Sie dient der Perspektiverweiterung im Blick auf die Erfahrung. Hierbei ist es wichtig, dass es bei der Ideengenerierung kein *richtig* oder *falsch* gibt.[1] Es ist ein pragmatisches Verfahren, das sich in der Anwendung erfolgreich oder weniger erfolgreich zeigt, indem sich nämlich die jeweilige Erfahrung im Lichte der dargebotenen Idee inhaltlich qualifiziert oder nicht. Herbert Witzenmann beschreibt es als eine Erprobung von Begriffsangeboten:

«Diese Erprobung betrifft die Frage, welcher dieser Begriffe von der Wahrnehmung ‹angenommen› wird. Dieses ‹Angenommenwerden› seitens der Wahrnehmung wird als das Festhalten des ‹angebotenen› Begriffes durch die Wahrnehmung beobachtet. Das ‹Annehmen› kommt in der Bildung objektgeprägter Vorstellungen zum Ausdruck.» (Witzenmann 1978, S. 36)

1 Vgl. hierzu Goethes Ausspruch: «In New York sind neunzig verschiedene christliche Konfessionen, von welchen jede auf ihre Art Gott und den Herrn bekennt, ohne weiter aneinander irre zu werden. In der Naturforschung, ja in jeder Forschung, müssen wir es so weit bringen …» (HA Bd. 12, S. 443)

Urteilsleistungen und Vorstellungen entstehen auf diese Weise nicht durch die Prägung des Subjektes, sondern durch die Akzeptanz des Objektes. Begriffe werden von Wahrnehmungen festgehalten. Dies bezieht sich sowohl auf primäre Sinneswahrnehmungen wie Farb- oder Geschmackseindrücke als auch auf komplexe Wahrnehmungen und Erfahrungen beispielsweise eines Menschen in einer pädagogischen Handlungssituation. Die Komplexität und Mehrperspektivität der angebotenen Begriffe entscheidet über die inhaltliche Qualifizierung einer Erfahrung. Das Festgehaltenwerden kann in der Regel eindeutig beobachtet werden. Eine grüne Farbfläche bindet den allgemeinen Begriff des Grünen in verschiedensten Variationen. Aber auch bei ‹einfachen› Sinneswahrnehmungen gibt es verschiedenste Durchdringungsschichten. Von Weinkennern weiß man, dass sie anhand einer Probe gegebenenfalls den Jahrgang, Art und Weise des Anbaus und die Lage eines Weines bestimmen können. Der Unkundige kann sich die entsprechenden Erfahrungen bzw. Wahrnehmungen, die zu einer solchen Urteilsleistung führen, nicht einmal bewusst machen. Es sind die blicklenkend eingesetzten, seitens der Erfahrung gebundenen Begriffe, die den Erfahrungsinhalt erst bewusst machen.

Ein weiterer Aspekt kommt hinzu: In der Generierung immer neuer blicklenkender ideeller Aspekte auf die Erfahrung wird diese in gewisser Weise vervielfältigt. Goethe spricht von einer *Reihenbildung*. Es geht um eine immer erneute Vergegenwärtigung der Erfahrung unter verschiedensten Aspekten. Es ist eine Art Wiederholung, eine Art des «Einübens». Dadurch entstehen sogenannte «Erfahrungen höherer Art», d.h. innerhalb der Erfahrung selbst zeigt sich ein ideeller Zusammenhang, der diese klärend durchdringt. Ronald Brady verweist darauf, dass dies dem Erscheinen einer Melodie innerhalb eines

Musikstückes vergleichbar sei (vgl. Brady 1977). Wenn man beispielsweise als Klavierspieler ein neues Stück einzuüben beginnt, schlägt man zuerst nur einzelne Töne an, die zunächst in keinem Zusammenhang stehen. Während des Übens wird das Spiel flüssiger. Die Töne, die aufeinander folgen, stellen sich in einen hörbaren (erfahrbaren) Zusammenhang hinein, der nicht durch den Spieler von außen in die Musik hineingelegt, sondern essenzieller Bestandteil des Musikstückes selber ist. So entsteht ein Zusammenhang *innerhalb* der Erfahrung. Dies bezeichnet Goethe als «Erfahrung höherer Art». Interessant ist nun, dass das Erscheinen der Melodie mit der *Fähigkeit* des Klavierspielers korrespondiert, diese im Spiel zu vollziehen. Dies verdeutlicht, dass das auf der Erfahrungsseite erscheinende Ideelle der Fähigkeit des Subjektes entspricht, dieses mitzuvollziehen. Hiermit wird Goethes eingangs erwähnte Forderung nach einer «aktiven Teilnahme am Naturprozess» eingelöst.

Zusammenfassung der Goetheschen Methode

Im Vorangehenden wurden wesentliche Aspekte von Goethes genetischer Erkenntnismethode, als «anschauende Urteilskraft» charakterisiert, gekennzeichnet. Diese lassen sich zusammenfassen als:

1. erkenntniskritische Vergegenwärtigung von Erfahrung und Denken
2. Vorstellungsreduzierung
3. Ideengenerierung
4. Blicklenkung
5. Wiederholung / Reihenbildung
6. Teilnahme

Es wird deutlich, dass das Goethesche Verfahren im strengen Sinne anschauungsorientiert ist. Es ist jedoch kein bloßer Empirismus, sondern man könnte sein Verfahren als einen ideellen Empirismus oder als einen empirischen Idealismus bezeichnen, da Ideen und Begriffe nicht im Sinne des Empirismus aus der Erfahrung gewonnen werden, sondern vom Subjekt in diese einfließen. Sie treten allerdings nicht im idealistischen Sinne prägend oder überformend in die Erfahrung ein, sondern werden von dieser objektiv gebunden.

Die Erkenntnistätigkeit der Anschauung bezieht sich nicht im Sinne eines eher phänomenologischen Verständnisses lediglich auf die Erscheinungsseite der Erfahrungswelt, sondern sie schließt auch die Anschauung vergleichsweise ideeller Aspekte mit ein. Damit reicht der in der idealistischen Philosophie intensiv diskutierte Begriff der «intellektuellen Anschauung» in die Praxis des Goetheschen Verfahrens hinein.[2] Auf der höchsten Stufe des Goetheschen Erkennens schaut der Erkennende *alle Wirkenskraft und Samen* des spezifischen Gegenstandes. Dies gelingt ihm aber nur, indem er die in den Gegenständen wirkende Kraft im eigenen Erkennen teilnehmend mitvollzieht. Insofern schaut er *in eins* mit den Wirkkräften der Natur seine eigene daran teilnehmende Erkenntnisbewegung an. Auf dieser Grundlage kann Goethes Begriff der *anschauenden Urteilskraft* auf dreifache Weise verstanden werden:

1. als zur Anschauung umgewandelte Urteilskraft → blicklenkender Ideengebrauch
2. als Anschauung der Selbstbeurteilung der Erfahrung → objektseitig geprägte Urteile

2 Hier ist insbesondere die Würdigung zu nennen, die Goethe von Seiten Hegels, aber auch von Novalis und von Schelling erfahren hat (vgl. Schieren 1998).

3. als Anschauung der eigenen Urteilskraft → intellektuelle Anschauung innerhalb eines mitvollziehenden Erkennens.

Im Blick auf Goethes Methode ist es nicht sinnvoll, feststehende Erkenntnisergebnisse zu erwarten. Es ist naheliegend, von einer *Fähigkeit* zu sprechen, denn das Ziel dieser Methode ist die Fähigkeit des Mitvollzugs der Wirklichkeit im Ausschnittsbereich der jeweiligen Welterscheinung. Gegenüber dem eher unzutreffenden Begriff des *Wissens* ist es besser, von einem *Verstehen* zu sprechen. Wenn wir eine Sache oder einen Menschen verstehen, so meinen wir damit, dass wir das Spezifische seines Wesens mitvollziehen können.

Es sei im Hinblick auf die beschriebene Methode noch angemerkt, dass die als einzelne «Schritte» gekennzeichneten methodischen Elemente nicht notwendig in strenger zeitlicher bzw. logischer Abgrenzung erfolgen, sondern dass es sich um zu übende Bewusstseinseinstellungen handelt, die innerhalb des Erkenntnisprozesses durchgehend präsent sind. So ist eine *Vorstellungsreduzierung* fortlaufend gefordert. Die immer erneute *blicklenkend aktivierte ideelle Tätigkeit* dient der fortschreitenden *übenden* und *wiederholenden* Durchdringung der Erfahrungswelt. Und innerhalb dieses Vorganges werden ebenfalls *objektseitig gefällte Urteile* gebildet, die aber nicht aus dem Prozess herausfallen, sondern die ideelle Blicklenkung weiterführen, bis hin zur *Anschauung des verstehenden Wirklichkeitsvollzugs*. Die gesonderte schrittweise Darstellung der einzelnen Bewusstseinsleistungen dient allein der strukturierten Übersicht. Dies sei deshalb angeführt, weil beispielsweise in Bezug auf die Phänomenologie Husserls und auch bezogen auf die hermeneutische Methode Diltheys gerade die methodisch strenge Separierung der einzelnen Schritte Bestandteil des Forschungsverfahrens ist (vgl. Danner 2006).

Ideenverständnis

Der auf die Entwicklung des erkennenden Subjektes hinzielende anschauende Erkenntnisbegriff Goethes hängt mit seinem Ideenverständnis zusammen. Aus einer idealistisch eher platonisch gefärbten Gesinnung würde man durchaus zustimmen, wenn es darum ginge, die eigenen Vorstellungsfestlegungen zu überwinden. Das ist geradezu die Voraussetzung, um zur Ideenwelt vorzudringen. Goethe geht aber so weit, dass auch die Ideenwelt selbst in einen Entwicklungsprozess eintritt. Dies kann an einem weiteren Faustmonolog verdeutlicht werden. Es heißt zu Beginn des 2. Teiles des *Faust* in Bezug auf die Erfahrung eines Sonnenaufganges:

«Hinaufgeschaut! – Der Berge Gipfelriesen
Verkünden schon die feierlichste Stunde,
Sie dürfen früh des ewigen Lichts genießen
Das später sich zu uns hernieder wendet.
Jetzt zu der Alpe grüngesenkten Wiesen
Wird neuer Glanz und Deutlichkeit gespendet
Und stufenweis herab ist es gelungen; –
Sie tritt hervor! – und, leider schon geblendet,
Kehr' ich mich weg, vom Augenschmerz durchdrungen.

So ist es also, wenn ein sehnend Hoffen
Dem höchsten Wunsch sich traulich zugerungen,
Erfüllungspforten findet flügeloffen,
Nun aber bricht aus jenen ewigen Gründen
Ein Flammen-Übermaß, wir stehn betroffen;
Des Lebens Fackel wollten wir entzünden,
Ein Feuermeer umschlingt uns, welch ein Feuer!»

(HA Bd. 3, S. 148f, Z. 4695ff)

Faust kann den direkten Anblick des Sonnenlichtes nicht ertragen, er fühlt sich davon überwältigt und wendet den Blick wiederum der Erde zu:

«So dass wir wieder nach der Erde blicken,
Zu bergen uns in jugendlichstem Schleier.» (ebd.)

Es heißt dann, beinahe programmatisch:

«So bleibe denn die Sonne mir im Rücken!» (ebd.)

In dieser Szene verbirgt sich ein Grundbekenntnis Goethes. Die Sonne kann durchaus als Bild im platonischen Sinne für die der sinnlichen Erscheinungswelt vorausgehende, diese begründende Ideenwelt verstanden werden. Die Existenz einer solchen hat Goethe nicht geleugnet, wohl aber hat er es für unangemessen erachtet, dass der Mensch sich im Erkenntnisstreben von der Erscheinungswelt ab- und der Ideenwelt zuwendet. Aus den ihm eigenen Bedingungen heraus hält er eine *unmittelbare* Zuwendung zur Ideenwelt oder zur menschlichen Innenwelt für problematisch. Diese Haltung begründet seine Skepsis gegenüber einem eher idealistisch geprägten Erkenntnisansatz. In den Aphorismen «Aus Makariens Archiv» in *Wilhelm Meisters Wanderjahre* heißt es:

«Man kann den Idealisten alter und neuer Zeit nicht verargen, wenn sie so lebhaft auf Beherzigung des Einen dringen, woher alles entspringt und worauf alles wieder zurückzuführen wäre. Denn freilich ist das belebende und ordnende Prinzip in der Erscheinung dergestalt bedrängt, dass es sich kaum zu retten weiß. Allein wir verkürzen uns auf der anderen Seite wieder, wenn wir das Formende und die höhere Form selbst in eine vor unsern äußern und innern Sinn verschwindende Einheit zurückdrängen.

Wir Menschen sind auf Ausdehnung und Bewegung angewiesen; diese beiden allgemeinen Formen sind es, in welchen sich alle übrigen Formen, besonders die sinnlichen offenbaren. Eine geistige Form wird aber keineswegs verkürzt, wenn sie in der Erscheinung hervortritt, vorausgesetzt, dass ihr Hervortreten eine wahre Zeugung, eine wahre Fortpflanzung sei. Das Gezeugte ist nicht geringer als das Zeugende, ja es ist der Vorteil lebendiger Zeugung, dass das Gezeugte vortrefflicher sein kann als das Zeugende.» (HA Bd. 8, S. 463f)

Die Ideenwelt ist in diesem Verständnis nicht jenseits der Erscheinungswelt als in sich geschlossene Entität angesiedelt. Sie tritt vielmehr mit dieser in eine Wechselwirkung und kann sich dadurch weiterentwickeln. Darauf verweist die Aussage, dass *das Gezeugte vortrefflicher sein könne als das Zeugende.* Diese Haltung begründet auch im philosophischen Sinne Goethes dezidierte Kritik an der Newtonschen Farbenlehre. Newton geht in der Interpretation Goethes davon aus, dass das reine Licht schon alle Farben enthalte. Wenn man es durch ein Prisma *aufspaltet*, würden die darin enthaltenen Farben in Erscheinung treten. Für Goethe stellt es sich anders dar: Das Licht und die Finsternis (vertreten im Prisma durch die sogenannte *Trübe*) treten in eine Wechselwirkung, und daraus gehen im Sinne einer Steigerung die Farben hervor. Die Farben sind nicht schon Bestandteil des Lichtes, sondern sind eine *Zeugung*, die *vortrefflicher* ist als das *Zeugende.* Hier liegt also eine bewusste Abgrenzung sowohl zu Newton als auch zu einer platonischen Ideenauffassung vor: Wie Newton im reinen Licht alle Farben anwesend denkt, so begreift die platonische Philosophie die Ideenwelt als die Essenz der Erscheinungswelt. Während die platonische Philosophie im Sinne des Höhlengleichnisses eine Hinwendung zur Ideenwelt anstrebt, durchaus auch im

Bewusstsein, dass der Mensch sich an das Übermaß an Licht gewöhnen müsse, so ist im Gegensatz hierzu Goethes Entscheidung: «So bleibe denn die Sonne mir im Rücken!», nicht resignativ, sondern programmatisch zu verstehen. Der angeführte Monolog endet mit dem zuversichtlichen, den Steigerungsaspekt betonenden Ausspruch: «Am farbigen Abglanz haben wir das Leben.»

Bezieht man dies auf den Entwicklungsgedanken, so bedeutet Entwicklung nicht in erster Linie einen Weg *zur* Idee bzw. zur Vollkommenheit, die es im Sinne Goethes nirgends gibt, sondern Entwicklung bedeutet insbesondere auch eine Entwicklung *der* Idee. Hiermit geht Goethe über einen eher statischen, platonisch gefärbten *Begriffsrealismus* hinaus, indem das ontologisch verstandene Begrifflich-Ideelle selbst als in einem *offenen* Entwicklungsprozess befindlich gedacht wird. Der Entwicklungsgedanke im Goetheschen Sinne bedeutet weder ein *Aus*wickeln der Idee in die Erscheinungswelt noch ein *Ein*wickeln im Sinne der Rückkehr zur Idee, sondern ein Aus-sich-Heraustreten der Idee, welche in der schöpferischen Verbindung mit der sinnlichen Erscheinungswelt eine neue Steigerungsform eingeht.

Goethes «Märchen»

Für diesen außerordentlich dynamischen Entwicklungsgedanken Goethescher Prägung lassen sich zahlreiche weitere Belegstellen in seinem Werk finden. Besonders hervorgehoben sei «Das Märchen» in den *Unterhaltungen deutscher Ausgewanderten*. Darin findet sich kaum eine Gestalt, die sich nicht im Laufe der Geschehnisse in einen Entwicklungsprozess begibt.

Allerdings charakterisiert Goethe ebenfalls die Probleme, die aus einer zunächst eher entwicklungsresistenten Haltung erfolgen. Dies veranschaulicht er an den sogenannten *Irrlichtern*. Sie zeichnen sich dadurch aus, dass sie fortwährend in einer unruhig anmutenden Weise Goldmünzen von sich werfen. Dadurch ermüden sie und verlieren ihren Glanz, sodass sie stets neues Gold benötigen, um es sodann wiederum in Münzform von sich abzuwerfen. In diesen Gestalten charakterisiert Goethe die Eigenschaft eines Vorstellungsbewusstseins, welches Ideen und Begriffe allein um der fixierenden Theorie-, Urteils- und Vorstellungsbildung willen verwendet, ohne sich weiter um den Erkenntnisfortschritt zu kümmern. Es sind feststehende Urteils*münzen*, die durch ein solches Bewusstsein gebildet und abgeworfen werden. – Den Irrlichtern gegenüber steht die *grüne Schlange*. Sie pflegt einen anderen Umgang mit den Goldstücken. Sie verschlingt sie, wodurch ihr Leib leuchtend wird. Dadurch ist sie wiederum in der Lage, ihre Umgebung zu beleuchten und auch erstmalig in ihrem Wert zu erkennen. Ihr dienen demnach die Goldstücke nicht, um die eigene, selbstbezogene Vorstellungsbildung voranzutreiben, sondern sie verwendet Begriffe und Ideen – wie in dem Teil zu Goethes Erkenntnismethode angeführt – *blicklenkend* und vermag so zu tieferen Wirklichkeitsschichten vorzudringen.

Eine ebenfalls eher statische und entwicklungsarme Umgebung kennzeichnet Goethe in dem Reich *Liliens*. In ihrer Umgebung gibt es weder Blüten noch Früchte, sie ist beinah von einer Friedhofsatmosphäre umgeben. Zudem darf sie nichts Lebendiges berühren, da dieses dann paralysiert wird. Hiermit kennzeichnet Goethe eine zwar in vollkommener Schönheit gedachte, aber nicht entwicklungsfähige Ideenwelt. Der Höhepunkt des *Märchens* zielt dahin, dass durch die Begegnung und den Austausch unterschiedlicher Sphären und vor allem durch die Bereitschaft der Selbstaufgabe der Schlange überhaupt erst eine neue, fruchtbare Entwicklung in Gang gesetzt werden kann. In diesem Sinne liegt in dem Motiv des Verzichts und des Opfers eine treibende Kraft, die Entwicklungsvorgänge überhaupt erst ermöglicht.

Biographische Aspekte

Neben diesen eher philosophisch-literarischen Aspekten zur Entwicklung sei abschließend im Blick auf Goethes Leben ein wesentlicher psychologischer Gesichtspunkt herausgestellt. Goethes Leben war von vielen begünstigenden Verhältnissen geprägt. Immer wieder fand er sich in menschlichen Bindungen und Situationen, die ihm eine außerordentlich glückliche Existenzperspektive gegeben haben; und immer wieder vollzieht er in Bezug auf seine Lebensverhältnisse einen Bruch und tritt in eine neue Herausforderung seiner Biographie ein. Hierzu ist die Trennung von Friederike Brion in Seesenheim zu zählen, weiterhin die Trennung von Lili Schönemann in Frankfurt verbunden mit dem Entschluss, nach Weimar zu gehen. Und auch der Entschluss, Weimar und Frau von Stein zu verlassen und sich auf die *Italienische Reise* zu begeben, zählt hierzu. Im faustischen Sinne hatte Goethe eine Abneigung gegen den *Stillstand* und suchte in äußeren wie inneren biographischen Neuorientierungen immer wieder Herausforderungen der Entwicklung.

Der Blick sei auf ein Ereignis im Jahr 1777 gerichtet, auf die sogenannte erste Harzreise im November 1777. Goethe war zu dieser Zeit etwa zwei Jahre in Weimar und außerordentlich intensiv mit Fragen seines weiteren Werdeganges beschäftigt.

Er bat den Herzog um die Erlaubnis, eine Reise in den Harz zu unternehmen, vordergründig um die dortigen Bergwerke zu inspizieren, zugleich aber von dem inneren Wunsch getrieben, eine Zeit mit sich allein zu sein und als geahntes Fernziel den *Brocken* zu besteigen. Während seiner Reise gelangte er zu dem Ort Wernigerode. Aus diesem Ort hatte er zuvor mehrmals Post von Viktor Leberecht Plessing erhalten. Plessing kam mit seinem Leben – entgegen dem namentlichen Omen – nicht zurecht. Er hatte sein Studium abgebrochen und war ziel- und planlos in seinen Heimatort zurückgekehrt. Er hatte Goethe als Autor des *Werther* geschrieben, weil er sich von ihm Rat und Zuspruch erhoffte. Goethe hatte allerdings nicht geantwortet. Jetzt nutzte er die Gelegenheit der Reise, um Plessing in Wernigerode – allerdings inkognito – zu begegnen. Er kam am 3. Dezember 1777 in das Wirtshaus des Ortes und fragte den Wirt, ob er einen wissenschaftlich gebildeten Menschen im Ort kenne, der vielleicht die Absicht habe, mit ihm, dem Maler Weber, einem Zeichenkünstler aus Gotha – so lautete das selbst gewählte Inkognito Goethes –, den Abend zu verbringen. Der Wirt verwies gleich auf Plessing, es wurde eine Verabredung getroffen, und Goethe (in der Gestalt des Malers Weber) besuchte Plessing in dessen Hause. Plessing fragte alsbald, ob der Zeichenkünstler denn auch Goethe kenne. Dieser bejahte, dass er in Weimar verkehre und mit dem dortigen Kreis der Wissenschaftler und Künstler einen freundschaftlichen Kontakt pflege. Plessing beklagte sich darauf, dass Goethe auf die ihm geschriebenen Briefe nicht geantwortet habe und dass er nicht verstehe, warum dieser das entgegengebrachte Vertrauen als Autor des empfindsamen *Werther* nicht erwidere. Daraufhin antwortete Goethe in der folgenden Art, wobei wichtig ist festzuhalten, dass Goethe diese Antwort erst 43 Jahre später in den Erinnerungen an die Harzreise in der *Campagne in Frankreich* festhielt. Dies lässt darauf schließen, dass die Plessing 1777 erteilte Antwort nicht nur für Plessing, sondern zugleich auch für Goethe selbst relevant gewesen war. Es heißt:

«Ich glaube zu begreifen, warum der junge Mann, auf den Sie so viel Vertrauen gesetzt, gegen Sie stumm geblieben, denn seine jetzige Denkweise weicht zu sehr von der Ihrigen ab, als dass er hoffen dürfte, sich mit Ihnen verständigen zu können. Ich habe selbst einigen Unterhaltungen in jenem Kreise beigewohnt und behaupten hören: man werde sich aus einem schmerzlichen, selbstquälerischen, düstern Seelenzustande nur durch Naturbeschauung und herzliche Teilnahme an der äußern Welt retten und befreien. Schon die allgemeinste Bekanntschaft mit der Natur, gleichviel von welcher Seite, ein tätiges Eingreifen, sei es als Gärtner oder Landbebauer, als Jäger oder Bergmann, ziehe uns von uns selbst ab; die Richtung geistiger Kräfte auf wirkliche, wahrhafte Erscheinungen gebe nach und nach das größte Behagen, Klarheit und Belehrung: wie denn der Künstler, der sich treu an der Natur halte und zugleich sein Inneres auszubilden suche, gewiss am besten fahren werde.» (HA Bd. 10, S. 331f.)

Diese Antwort enthält zugleich auch ein Goethesches Credo: Entwicklung heißt, von sich ablassen zu können, heißt, nicht bei sich zu bleiben, sondern in einen Austausch insbesondere mit der natürlichen Welt zu treten. Ein solcher Austausch ist ergebnisoffen und zeitigt etwas durch und durch Neues, welches nicht schon vorab geplant gewesen ist. Dazu bedarf es aber der Bereitschaft des Verzichtes und des Opfers, des Verzichtes auf erworbene Vorstellungen und Einsichten, auf gewonnene Fähigkeiten und Vollkommenheiten, auf gegebenenfalls glückliche existenzielle Bedingungen. Es setzt eine produktive Unzufriedenheit voraus, die im Selbstverzicht in immer neue Begegnungs- und Austauschprozesse einmündet. Dies ist Goethes Entwicklungsgedanke, den er auch Plessing – respektive sich selbst – mitteilt. Im Übrigen ist das Inkognito einige Zeit später, als Goethe sich wieder in Weimar befand, gelüftet worden. Plessing hat dann sein Studium beendet und ist später Professor in Duisburg geworden, wo Goethe ihn wiederum auf der Durchreise 1792 besucht hat.

Literatur

Biedermann, Flodoard Frhr. V. (Hrsg.) (1909–1911): *Goethes Gespräche.* 5 Bde. Leipzig

Brady, Ronald (1977): «Goethe's Natural Science. Some Non-Cartesians Meditations.» In: Schaefer, Karl E./Hensel, Herbert/Brady, Ronald: *Toward a Man-Centered Medical Science.* New York, S. 137-165.

Danner, Helmut ([5]2006): *Methoden geisteswissenschaftlicher Pädagogik.* München.

Glasersfeld, Ernst von (1996): *Radikaler Konstruktivismus.* Frankfurt am Main.

Goethe, Johann Wolfgang: *Goethes Werke.* 14 Bände. Hrsg. Erich Trunz. «Hamburger Ausgabe». München (abgekürzt HA).

Goethe, Johann Wolfgang: *Goethes Briefe und Briefe an Goethe.* 6 Bände. Hrsg. v. Karl Robert Mandelkow. «Hamburger Ausgabe». München (abgekürzt HA Br.).

Husserl, Edmund (1985): *Die phänomenologische Methode.* Stuttgart.

Jaszi, Andrew (1973): *Entzweiung und Vereinigung. Goethes symbolische Weltanschauung.* Heidelberg.

Kant, Immanuel (1974): «Kritik der reinen Vernunft.» I und II. In: *Werkausgabe.* 12 Bände. Hrsg. v. Wilhelm Weischedel. Frankfurt. Bd. III und IV.

Kuhn, Thomas S. (1976): *Die Struktur der wissenschaftlichen Revolution.* Frankfurt am Main.

Schieren, Jost (1998): *Anschauende Urteilskraft. Methodische und philosophische Grundlagen von Goethes naturwissenschaftlichem Erkennen.* Düsseldorf/Bonn.

Steiner, Rudolf (1979): *Grundlinien einer Erkenntnistheorie der Goetheschen Weltanschauung.* Dornach. GA Bd. 2.

Witzenmann, Herbert (1978): «Ein Weg zur Wirklichkeit. Bemerkungen zum Wahrheitsproblem.» In: Witzenmann, Herbert: *Intuition und Beobachtung.* Stuttgart Bd. II., S. 9-46.

Ruth Ewertowski

Das Drama der Entwicklung

Oder: Der durchkreuzte Plan bei Rudolf Steiner und in Kleists «Prinz Friedrich von Homburg»

Worüber ich bei der Lektüre Rudolf Steiners immer wieder stolpere, ist die Rede vom «Weltenplan» oder einer «weisen» beziehungsweise «göttlichen Weltenlenkung», von einer «Mission im Weltenplan», bis dahin, dass bestimmte Wesenheiten zu bestimmten Aufgaben innerhalb des Plans «abkommandiert» wurden. Freilich gibt es auch die Andeutung, dass dies mehr eine behelfsmäßige Redeweise für einen Sachverhalt sei, den wir sprachlich nicht recht fassen können. Dann aber wiederum scheint sogar das Böse im Plan einer Weltenlenkung gelegen zu haben, wenn es heißt, dass es um der Freiheit willen in die Welt kommen *musste*.[1] Das ist, schon aus Theodizee-Gründen, ein äußerst problematischer Gedanke, dem ich – mit Rudolf Steiner – den gegenteiligen Gedanken entgegenhalten möchte: nämlich den, dass gerade das Böse das Außerplanmäßige ist. Doch davon später.

Die Rede vom «Plan» gehört gewöhnlich in den Kontext

1 Die Stellen sind zahlreich. Ich möchte hier nur beispielsweise auf den Vortrag vom 18.4.1909 in GA 110 oder vom 25.6.1908 in GA 104 verweisen. – Natürlich gibt es im Werk Steiners auch Darstellungen der Weltentwicklung wie etwa in der *Geheimwissenschaft*, die so komplexe und z.T. regelrecht unübersichtliche bis nahezu chaotische Entwicklungsverhältnisse beschreiben, dass man diese kaum gemäß einem Plan denken kann.

der Schöpfungsidee oder – aktueller – in das Konzept des «Intelligent Design». Mit einem Plan ist das Kommende festgelegt. Nun ist aber Rudolf Steiner doch auch ein ganz emphatischer Entwicklungsdenker, und Entwicklungsdenker oder die Vertreter der Evolutionsidee denken die Zukunft als offen und nicht vorhersagbar.

Bei Steiner sieht es aber in vieler Hinsicht so aus, als verlaufe die Entwicklung nach Plan. Eigentlich müsste man bei seiner Entwicklungsidee von einem «Entwicklungsplan» sprechen, denn wenn man sich das bekannte Bild der Entwicklung von Welt, Erde und Mensch – die Parabel mit ihren Einteilungen (siehe Abbildung S. 81) – ansieht, dann haben doch alle Entwicklungsstufen ihren bestimmten Platz, und unsere Zukunft ist grundsätzlich prognostizierbar und erscheint viel weniger ergebnisoffen denn festgelegt:

Die Welt entwickelt sich vom alten Saturn bis zum Vulkan; die Erde entwickelt sich von der polarischen Zeit, über die hyperboräische, die lemurische, atlantische, nachatlantische Zeit bis zu einem siebten Erdzeitalter, und der Mensch entwickelt sich sowohl menschheitsgeschichtlich wie biographisch durch sieben beziehungsweise neun Wesensglieder hindurch vom physischen Leib bis zum Geistesmenschen. Zur Frage steht für ihn dann vielleicht nur noch, ob es ihm gelingt, die Entwicklung bis zum Geistesmenschen mitzumachen oder ob er unterwegs aus ihr herausfällt.

Das Dritte zwischen Determination und Zufall

Nun leuchtet es ein, dass ein Entwicklungsgedanke, der ein Geistiges in der Entwicklung denkt wie die Anthroposophie,

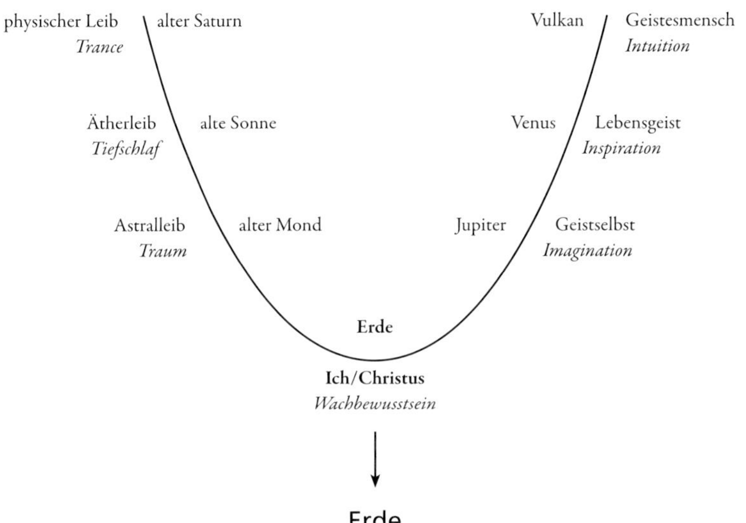

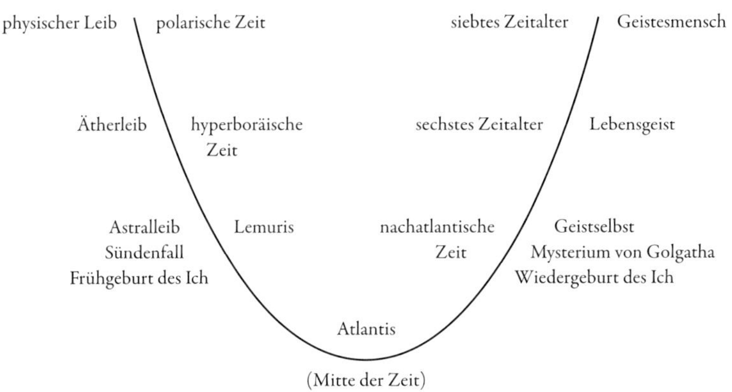

Aus: «Die Drei», Nr. 8-9/2007, S. 102

reduktionistischen Prinzipien wie etwa dem Zufall oder einer bloßen naturgesetzlichen Notwendigkeit, der Anpassung, der Selektion oder dem bloßen Überlebenskampf etwas entgegensetzen will. Und da geschieht es fast unweigerlich, dass dieses Entgegengesetzte den Charakter eines intelligenten Plans, einer weisen Weltenlenkung annimmt.

Aber ist dies wirklich geistgemäß gedacht? Und vor allem ist das wirklich gemeint? – Ich glaube nicht. Ich glaube, dass wir gerade mit der Anthroposophie auf der Suche nach einem Dritten sind, nach etwas, was unseren geistigen Anspruch auf Sinn *und* auf Freiheit in der Entwicklung befriedigen kann, was damit also jenseits der Alternative von Zufall und Determination liegt. Rudolf Steiner verbindet die sonst meist als ein Entweder-Oder gedachten Konzepte von Evolution und Schöpfung miteinander. Dabei kommt – wie bei der Verbindung von Wasserstoff und Sauerstoff – etwas anderes heraus als bloß die Summe der Teile und etwas anderes als die Anwendung der Plan-Metapher der Schöpfungsidee auf die Evolution.

In der Bemühung um dieses Dritte soll der Blick im Folgenden nun allein auf die Entwicklung des Menschen gerichtet werden: Es geht um die Entwicklungsgeschichte des Menschen – im Großen wie im Kleinen: also um die Menschheitsgeschichte und die Geschichte eines Menschen, sprich seine Biographie. Hier zeichnet sich jenes Dritte sowohl im Ganzen wie auch in einzelnen herausragenden und entscheidenden Ereignissen immer wieder ab.

Unmittelbar erlebbar ist das Dritte auf der Ebene der Biographie für uns z.B. in einer Erfahrung des Glücks oder des Unglücks. Geradezu «machbar» ist es z.B. in einem Akt des Verzeihens. Freilich kann eben dieses Verzeihen auch unendlich schwer sein. Hier geschieht etwas, das weder willkürlich noch irgendwie naturgesetzlich notwendig oder vorherbestimmt ist. Es geschieht etwas, was so nicht zu erwarten war, aber dennoch ein Wesentliches trifft und evident ist. Das gilt auch für karmische Zusammenhänge: Sie sind nicht berechenbar und doch stimmig. Wer hätte gedacht, dass aus einem franziskanischen Mönch einmal Nietzsche würde? Man hätte das nicht vorhersagen können, aber wenn es einmal geschehen ist, leuchtet es ein.

Eines der eklatantesten Beispiele für jenes Dritte jenseits von Zufall und Determination in der Menschheitsgeschichte ist Judas: Judas gehört wesentlich zum Mysterium von Golgatha dazu – also zum größten Ereignis in der Mitte der Welt- und Menschheitsentwicklung. Er ist geradezu eine Voraussetzung für die Erlösungstat Christi, aber er war dennoch nicht dazu vorherbestimmt, Christus auszuliefern. Wäre er es gewesen – wie freilich oft gedacht wird, bis dahin, dass er sich dazu geopfert haben könnte, die undankbarste Rolle der Menschheitsgeschichte zu spielen –, wäre er von Gott zum Verrat vorherbestimmt gewesen, so hätten wir nicht nur ein Theodizeeproblem, sondern auch ein Authentizitätsproblem, denn die Passion des Gottessohnes wäre dann nicht echt, weil selbstgemacht. Sie würde einem vorgefertigten Entwurf folgen und wäre in der Durchführung nur noch gespielt. Dann hätte Gott Judas für das Erlösungsgeschehen instrumentalisiert, das damit zu einer Farce geworden wäre, weil Christus in Judas dann keinem Gegner, sondern einem Mitspieler begegnet wäre. Nur einem wirklich feindlichen Prinzip gegenüber konnte seine Tat eine wahrhaftige Erlösungstat sein. – Wenn nun Judas kein Instrument des Heilsplanes war, so war er deshalb noch kein Zufall, sondern ein Drittes.

Jenseits von Kausalität und Finalität

Das Dritte, was wir suchen, das Geistgemäße, liegt jenseits von Zufall und Determination. Es liegt aber außerdem auch noch jenseits eines zweiten Kategorienpaares, nämlich dem von Kausalität und Finalität. Kausalität und Finalität – diese beiden Erklärungskategorien haben gemeinsam, dass sie auf Gründe bezogen sind: Im einen Fall liegt der Grund, die Ursache in der Vergangenheit, im anderen in der Zukunft. So denken die Vertreter des Darwinismus ebenso wie die des Intelligent Design oder klassischer Schöpfungsideen im Sinne von Ursache-Wirkungszusammenhängen rational: Zwar bricht in der populärdarwinistischen Vorstellung von Entwicklung immer wieder der Zufall als irrationales Moment in diese ein, er wird dann jedoch in die Kausalitätenreihe integriert. Der Zufall perforiert gewissermaßen die Kette der Ursache-Wirkungs-Zusammenhänge, bestimmt aber als Vergangenheit die weitere Zukunft. So gehen genetische Veränderungen auf zufällige Ursachen zurück, die das Folgende kausal bestimmen, das zwar von immer neuen Zufällen umgelenkt werden kann, die aber stets wieder zu Ursachen werden. Die Position des Intelligent Design auf der anderen Seite verlegt die Ursache in die Zukunft, nämlich als Zweckursache, was dann dem Zufall keinen Raum mehr gibt. Im Begriff des «Designs» liegt ja die Finalität eines Plans, bei dem eben ein vorher Konzipiertes in die Tat umgesetzt wird.

Auch wenn sie sich um den Einschlag des Zufalls unterscheiden, so haben doch beide Positionen gemeinsam, dass sie dem Ursache-Wirkungs-Denken und damit dem Verstandesdenken angehören. Natürlich haben Kausalität und Finalität für unsere Orientierung in der Welt ihre volle Berechtigung und ihre Plausibilität. Sie sind gut brauchbar, aber sie bieten keinen Verstehenshorizont für die wirklichen Quellgründe von Entwicklung, und das heißt letztlich für die Freiheit, mit der immer wieder Neues, Wendendes, weil Unerwartetes, in den Gang der Dinge kommt, der aber zugleich jenen Sinngehalt beanspruchen darf, der die Evidenz von Entwicklung ausmacht.

Evolution als Drama

Was nun könnte das Paradigma sein, das jenseits der Rationalität von Ursachen und Zwecken liegt, ohne gleich irrational zu sein?

Es liegt auf der Hand, hier von einem Paradigmenwechsel zu sprechen, dem Paradigmenwechsel von der Verstandesseele zur Bewusstseinsseele: Wenn wir Entwicklung geistgemäß denken wollen, dann müssen wir mit der Bewusstseinsseele denken. Nur steht eine solche Verwendung des Begriffs «Bewusstseinsseele» in der Gefahr, zu einem bloßen Joker zu werden, bei der lediglich klar ist, dass anders gedacht werden muss als bisher, aber nicht wie. Deshalb soll hier ein konkreter Vergleich versucht werden, ein Vergleich, der einen Verstehenshorizont für Entwicklung im gesuchten Sinne eröffnen kann. Und das ist der mit einem *Drama*. Evolution verläuft dramatisch.

Drama heißt: Handlung. Im Mittelpunkt der Evolution steht, denken wir sie als Drama, der Mensch. Mit seinem Handeln wird Evolution zur Geschichte. Und Anthroposophie denkt ja nicht nur die Menschheitsgeschichte, sondern auch die Evolution von Welt und Erde auf den Menschen bezogen: Auf dem alten Saturn schon wird der physische Leib des Menschen veranlagt und nicht etwa das Mineralreich. Das kommt erst viel später, nämlich auf der Erde, dem Planeten der Ich-Entwicklung.

Mit dem Menschen, der auf ein Ich hin veranlagt ist und damit auch auf Bewusst-Werdung, kommen sofort die Sinnfrage und die Freiheitsfrage ins Spiel, und diese sind Fragen, die sich natürlich in Auseinandersetzung mit Zufall und Notwendigkeit ergeben. Der Mensch handelt in Zusammenhängen, d.h. er steht in einem Verhältnis zur Natur, zu anderen Menschen, zu Gott. Sein Tun und Lassen steht in einer fundamentalen Spannung zwischen Fremdbestimmung und Selbstbestimmung, zwischen Notwendigkeit und Freiheit, zwischen Vorsehung und Eigeninitiative und zwischen Plan und Außerplanmäßigem, Intentionen und deren Durchkreuzung. Die Idee des Dramas zielt genau auf diese Spannung ab und macht sie bewusst.

Das Drama verweist uns natürlich noch auf eine allgemeinere, übergeordnete Idee, nämlich die des Kunstwerks. Und tatsächlich spricht Rudolf Steiner, und zwar bezeichnenderweise im Zusammenhang von Ausführungen über Judas, von der Evolution als einem Kunstwerk: «Geistig betrachtet ist, von allem Übrigen abgesehen, das größte Kunstwerk, das jemals gewesen ist, die menschliche Evolution selber. Man muss nur den Blick dafür haben.»[2] Im nächsten Atemzug nennt er dann die Gattung des Kunstwerks, um die es geht: das Drama. Dieses versteht man nicht richtig, so Steiner, wenn man es nur als eine «Aufeinanderfolge von Vorgängen» sieht, «die man hintereinander beschreiben kann». Ein Drama zeichnet sich nicht durch eine lineare Abfolge von Ereignissen aus, sondern durch Konstellationen, die man nur im Blick aufs Ganze verstehen kann.

Es scheint mir sehr wesentlich, dass Steiner hier den Vergleich mit dem Kunstwerk, dem Drama verwendet, und ich möchte

2 GA 139, 16.9.1912.

diese Rede vom Drama mit Rudolf Steiner gegen jenen Rudolf Steiner des «Weltenplans» oder der «weisen Weltenlenkung» halten. Wobei – und diese Dialektik ist ebenfalls wesentlich – allerdings zu fragen ist, inwieweit nicht der Plan die Folie ist, vor deren Hintergrund sich das Drama abspielt, insofern nämlich das Drama gerade seine Spannung daraus bezieht, dass es sich zu einem Plan verhält: es durchkreuzt ihn nämlich. Ein durchkreuzter Plan unterscheidet sich gleichermaßen von Willkür oder Zufall wie von einer Zweckverwirklichung. Insbesondere ist das für die Frage nach der Genese des Bösen und der Freiheit, die ja unmittelbar zusammengehen, geltend zu machen.

Rudolf Steiner ist mir da zunächst am unverständlichsten, wo man den Eindruck bekommen kann, dass das Böse um der Freiheit willen im Plan der Hierarchien lag, dass also das Böse ein Mittel zum Zweck eines Guten ist, nämlich der Freiheit, und die Freiheit somit die Sache eines Planes ist, was ihr doch im Wesen widerspricht. – Wir werden aber noch sehen, dass Rudolf Steiner die Freiheit auch tatsächlich dramatisch, nämlich als Durchkreuzung eines Planes, als das gewissermaßen ‹entwicklungsnotwendig Außerplanmäßige› denkt. Zwar nennt er es nicht so, aber er macht es so. Hier muss man die explizite Ebene der Begriffe, mit der er exoterisch esoterische Zusammenhänge beschreibt, von der Handlungsebene seiner Rede unterscheiden, die einen ganz neuen Ideenkosmos eröffnet.

«Prinz Friedrich von Homburg»

Bevor wir darauf eingehen, soll zunächst die Rede vom Drama am konkreten Beispiel anschaulicher gemacht werden. Da kann sich zeigen, wie sich gerade die entscheidenden Entwicklungsschübe jenseits von Kausalität und Finalität und jenseits von Zufall und Determination abspielen.

Heinrich von Kleists großes Drama *Prinz Friedrich von Homburg* könnte man auch ein «Mysteriendrama» nennen, denn es geht um Tod und Auferstehung des Titelhelden. Sein Inhalt erzählt sich in groben Zügen so:

Der Prinz von Homburg nachtwandelt im Schlossgarten von Fehrbellin und flicht sich dabei einen Lorbeerkranz. Man bemerkt dies, macht den Kurfürsten von Brandenburg, die zweite Hauptperson des Stücks, auf den merkwürdigen Zustand des Prinzen aufmerksam, und mitsamt der Hofgesellschaft treibt dieser nun ein scherzhaftes Spiel mit dem Prinzen: Der Kurfürst nimmt dem Schlafwandler den Kranz aus der Hand, schlingt eine Halskette darum und reicht so den Kranz seiner elternlosen Nichte Natalie, die ihm wie eine Tochter ist. Darauf streckt der Prinz die Arme nach Natalie aus und nennt sie «mein Mädchen», meine «Braut» und den Kurfürsten gar seinen «Vater«. Das ist nun doch der ganzen Gesellschaft ziemlich peinlich. Man eilt davon, aber der Prinz ergreift in seinem Schlafwandel noch einen Handschuh der fliehenden Natalie. Über diesen Handschuh wundert er sich dann beim Erwachen aus seinem Traumzustand.

Die Geschichte hat fatale Folgen, denn als am nächsten Tag die Befehle für die bevorstehende Schlacht ausgegeben werden, ist der Prinz verwirrt, kann sich nicht auf den Schlachtplan konzentrieren. Was er aber realisiert, ist, dass Natalie einen Handschuh vermisst. Es ist der, den er in Händen hält, ohne sich erklären zu können, woher er ihn hat.

Den Befehl, der ihm gilt, nämlich bei der bevorstehenden Schlacht den Feind auf keinen Fall ohne ausdrückliche Order anzugreifen, hat er nicht mitbekommen. Er schwelgt noch im

Hochgefühl seines Traumerlebnisses, in dem er sich offenbar zu Außerordentlichem berufen fühlt. Und er ist eben durch diesen Handschuh verwirrt.

In der Schlacht selbst greift er dann entgegen der Anweisung, die ihm von Kameraden auch noch einmal wiederholt wird, bei einer ihm günstig erscheinenden Gelegenheit ein: eigenmächtig und zu früh. Er entscheidet und handelt, wo er auf Weisung hätte warten sollen. Aber eben gerade dadurch erringt er einen klaren Sieg über den Gegner.

Die Schlacht ist vorbei, der Sieg wird gefeiert. Der Kurfürst würdigt namentlich den Prinzen als Sieger mit den entsprechenden militärischen Ehren, lässt ihn aber zugleich wegen Befehlsverweigerung verhaften, auf dass ihm der Prozess gemacht werde. Und tatsächlich wird der Prinz gemäß den Gesetzen zum Tode verurteilt. Er selbst hält das für eine Erziehungsmaßnahme des Kurfürsten, die sicher durch die Begnadigung gekrönt werden wird. Er kann sich nicht vorstellen, dass in Anbetracht seines Sieges dem Gesetz voll Genüge getan werden soll, und rechnet auf Begnadigung, die er im Grunde geradezu für notwendig hält, was aber ein wirklicher Gnadenakt ja nie ist.

Die Dinge stehen anders, als der Prinz sie sich denkt: Schließlich muss er erkennen, dass die Sache ernst ist. Und tatsächlich wird auch schon das Grab für ihn ausgehoben. Als er dies sieht, trifft ihn auf einmal die Todesangst mit ganzer Wucht. Er durchlebt die Krise seiner Existenz, das Hineingehalten-Sein ins Nichts. Es ist diese Angstszene in der Mitte des Dramas, der es Kleist zu verdanken hat, dass das Stück zu seinen Lebzeiten nicht gespielt werden durfte, denn ein märkischer Prinz hat keine solche Todesangst zu haben, in der er schließlich um sein nacktes Leben fleht und alles aufgibt, was ihm vorher lieb und teuer war, so sogar Natalie, mit der er sich nach der Schlacht heimlich verlobt hatte.

Nun werden alle Hebel in Bewegung gesetzt, um den Prinzen zu retten, d.h. man wendet sich von verschiedenen Seiten an den Kurfürsten, um die Begnadigung zu erwirken. Der Prinz selbst, die Kurfürstin, Natalie, die Militärs – alle treten für ihn ein. Der Kurfürst, der die Ordnung des Staates gegen den Einbruch der Anarchie zu gewährleisten hat, sieht sich bedrängt. Er ist kein hartherziger Pedant und im Grunde dem Prinzen wohlgesonnen, kann aber auch nicht dulden, dass Selbstherrlichkeit und Willkür in seinem Staat walten. Dieser Mann kommt nun auf die geniale Idee – eine Idee, die vielleicht der des weisen Richters in der Ringparabel von Lessings *Nathan der Weise* zu vergleichen ist –, er kommt auf die Idee, das Urteil in die Hand des Prinzen selbst zu geben, ihn zum Richter über sich selbst zu machen, ihm die Freiheit zuzugestehen und zuzumuten, über sich selbst zu entscheiden: Wenn er, der Prinz, an dem Todesurteil etwas auszusetzen hat, so soll er nicht sterben: «Wenn er den Spruch für ungerecht kann halten/ Kassier ich die Artikel: er ist frei!» (IV,1).

Diese salomonische Entscheidung, in der ebenso das höchste Vertrauen in einen letztlich starken Menschen wie auch das Mitleid mit einem möglicherweise schwachen Menschen mitschwingt, mit dieser Entscheidung läuft der Kurfürst volles Risiko: Er stellt nun von sich aus die Ordnung seines Staates zur Disposition in dem Entscheid des Prinzen, indem er den zu Richtenden zum Richter über sich selbst macht. Doch ist dies eben eine souveräne Entscheidung, die den Prinzen in seiner ganzen Ich-Kraft fordert, und sie setzt nun tatsächlich bei diesem einen Prozess in Gang, an dessen Ende er sich dazu durchgerungen hat, ganz in das Gesetz, in die Notwendigkeit einzuwilligen – aber aus freien Stücken. Der Prinz adelt das Gesetz nicht um des Gesetzes willen, sondern indem er es für sich selbst zu einer Brücke zur Freiheit macht. Er durchläuft einen Läuterungs-, ja einen Einweihungsprozess, in dem er sich zu einer neuen Freiheit erhebt, einer ganz anderen, höheren Freiheit als jener, die er sich nahm, als er zu früh in die Schlacht eingriff.

Damit, nur damit, also durch seine freiwillige Einwilligung in das Gesetzliche können beide – der Prinz und der Kurfürst – das Gesetz überwinden. Es wird so zur Folie für die Geistrealität der Gnade, auf die nicht zu rechnen war, die aber doch auch ihre «Bedingungen» hat. Erst als der Prinz nicht mehr auf sie rechnet, ist er ihrer würdig, ist sein Ich neu geboren. Äußerlich ändert sich dabei im Ergebnis nichts, denn er wäre ja auch nicht hingerichtet worden, wenn er gegen das gesetzliche Todesurteil Einspruch erhoben hätte. Dann wäre er aus Mitleid begnadigt worden. So aber ist er durch seine Anerkenntnis des Urteilsspruches zu einem neuen, freien Menschen geworden, was durch die Begnadigung nur mehr bestätigt wird.

Der Prinz erfährt jedoch zunächst nichts von der Aufhebung des Todesurteils, sondern wird am Ende mit verbundenen Augen ins Freie geführt, und zwar in jenen Schlossgarten, in dem er anfangs schlafwandelte. In der Meinung, seine Hinrichtung stehe unmittelbar bevor, und ganz bereit zum Tod, öffnet sich ihm schon ein Blick hin auf die andere Seite der Schwelle. Aber die erwartete Kugel kommt nicht, stattdessen nimmt man ihm die Augenbinde ab, und Natalie, die Nichte des Kurfürsten, setzt ihm einen Lorbeerkranz auf und krönt damit nicht den Sieger einer Schlacht, sondern den Sieger über sich selbst. Auf seine Frage hin, ob dies ein Traum sei, antwortet einer der Freunde des Prinzen: «Ein Traum, was sonst». Tatsächlich aber ist der Traum vom Anfang nun auf einer ganz anderen Ebene Wirklichkeit geworden.

Der Eintritt ins Bewusstsein und der Wiedereintritt in die geistige Welt

Das Drama Heinrich von Kleists verhält sich in vieler Hinsicht erstaunlich parallel zur Evolution im Sinne der dramatischen Menschheitsgeschichte, wie sie die Anthroposophie beschreibt. Es gibt Übereinstimmungen, die dadurch, dass sie aus so verschiedenen Kontexten zustande kommen, so etwas wie eine Beweisqualität füreinander haben. Beide, Rudolf Steiner und Heinrich von Kleist, scheinen aus derselben Quelle zu schöpfen.

Inhaltlich betreffen die Übereinstimmungen genau die entscheidenden Momente von Entwicklung – die Momente, die verständlich machen können, warum es überhaupt eine Menschheitsgeschichte gibt. Es handelt sich dabei um jene beiden existenziellen Ereignisse, die das menschliche Bewusstsein betreffen: den Eintritt ins Bewusstsein, der mit dem in die Welt der Materie verbunden ist, und den Eintritt in ein höheres Bewusstsein, wie es mit dem in die geistige Welt einhergeht.

In Kleists Drama konkretisiert sich der erste Entwicklungsschritt in zwei Stufen: nämlich zuerst durch das Erwachen des Prinzen aus seinem Traumzustand und die merkwürdige materielle Präsenz des Handschuhs, die ihn verwirrt und ihn dann in einem Halbbewusstsein jenen Fehltritt tun lässt, der ihn durch seine Konsequenzen ganz zum Erwachen bringen wird. Es ist die Missachtung eines Befehls, die Verbotsübertretung, die den Schritt in die Freiheit der Emanzipation ausmacht – ein Akt der Loslösung vom Kurfürsten: der vorzeitige Eingriff in die Schlacht, die den Prinzen zum Sieger, aber eben zugleich zum Todgeweihten macht. Der Tod ist der Tribut an die Freiheit. Die christlich-abendländische Geistesgeschichte nennt diesen Eintritt ins Bewusstsein mit all seinen Folgen den «Sündenfall». Kleist ist auf diesem Gebiet Experte, davon zeugt nicht zuletzt seine berühmte Schrift *Über das Marionettentheater*, in der er den Sündenfall des Bewusstseins, den Blick in den Spiegel, anschaulich am Verlust der Anmut darstellt. Am Ende dieser Schrift geht es dann um das wiederholte Essen vom Baum der Erkenntnis und den Eintritt in ein anderes, ein göttliches Bewusstsein und damit um den Wiedereintritt in die Sphäre des Geistes.

Und diese ist nun das zweite zentrale Ereignis der Menschheitsgeschichte: der Eintritt in ein höheres Bewusstsein, die Initiation, die Aufnahme des Christusprinzips, die individuelle Aktualisierung des Mysteriums von Golgatha, was der Prinz auf seine Weise in der Überwindung der Todesangst, ja in der Bereitschaft zum Tod und der Schwellenerfahrung leistet. Es ist der Wiedereintritt in die geistige Welt.

Beide Ereignisse gehören zusammen und sind der Quellgrund von Entwicklung – in der menschheitsgeschichtlichen Evolution im Sinne der Anthroposophie wie in Kleists Drama. Rudolf Steiner scheint mir dies in seinem großartigen Vortrag «Erbsünde und Gnade» auszusprechen, wenn er sagt: «Hinter den Begriffen von Sünde, Erbsünde, Gnade verbirgt sich in der Tat die ganze Entwickelung des Menschengeschlechtes.»[3]

3 GA 127, 3.5.1911.

Der unschuldig schuldige Fall

Sündenfall und Mysterium von Golgatha – der Eintritt in die Materie, die Moralität, die Verantwortung, das Selbstbewusstsein, die Selbstbezogenheit, in Irrtum, Leidenschaften, Krankheiten und Tod auf der einen Seite und die Ermöglichung jenes höheren, die Selbstheit, die Angst, den Tod überwindenden Bewusstseins – die Auferstehung – auf der anderen Seite – darin liegt die fortwährende Potenz menschlicher und menschheitlicher Entwicklung.

In Kleists Drama steht für den Sündenfall die Verbotsübertretung, die «Insubordination», wie das im militärischen Jargon heißt. Eine solche Insubordination, ein Ungehorsam, ist der «frevelhafte» Anfang der Selbstwerdung des Menschen. Man mag ihn «Frevel» nennen oder einen «Glücksfall» – weder das eine noch das andere trifft die Sache in ihrem Kern.

Wir sind heute im Gegensatz zu voraufklärerischen Zeiten immer bemüht, an dieser Stelle der «Insubordination» moralische Konnotationen zu vermeiden, nicht von Schuld zu sprechen, was auch sachgemäß ist, aber dadurch nicht erreicht wird, dass man die Schuld verlagert. So sieht man ja seit der Aufklärung die «Schuld» geradezu umgekehrt auf der Seite jenes prälapsarischen unbewussten Gehorsams, etwa wenn es vom Sündenfall bei Kant und ähnlich auch bei Schiller heißt, er sei der Austritt aus einer «selbstverschuldeten Unmündigkeit», so als wäre man für diesen prälapsarischen Zustand geradezu verantwortlich, welche Verantwortung man jedoch nur haben kann, wenn man den Zustand der Unmündigkeit verlässt. Das Paradox zwingt hier unser Denken über die Ebene der Kausalitäten hinaus.

Rudolf Steiner sucht die Rede von einer Schuld auf andere Weise zu vermeiden, nämlich dadurch, dass er höhere Wesenheiten für den Eintritt des Menschen in die Freiheit verantwortlich macht, dergestalt, dass diese Freiheit dem Menschen zugedacht war. Dann eben lag sie im «Weltenplan», dann wurden, wie es bei Steiner gelegentlich auch heißt, luziferische Wesenheiten dazu «abkommandiert», einen entsprechenden Einfluss auf den Menschen auszuüben, um ihn in die Freiheit, in das Wissen um Gut und Böse, in die Verantwortung und damit auch in die Entwicklungsfähigkeit zu versetzen.

Doch scheint sich das Problem des sogenannten Sündenfalls und die Frage nach dem Movens von Entwicklung nicht wirklich lösen zu lassen, wenn man nach dem Verursacher, also dem «Schuldigen», oder nach dem Zweck, also danach, wofür es gut ist, fragt. Diese Fragen sind stets moralische Fragen und werden aus jenem postlapsarischen Bewusstsein heraus gestellt, das zwar die Emanzipation errungen hat, aber nur um den Preis des Geistverlustes. Das Geistige aber finden wir nur jenseits von Zufall und Notwendigkeit, von Kausalität und Finalität und schließlich auch jenseits von Gut und Böse.

Die Verhältnisse zwischen den Handelnden: die Konstellation

Kleist und Steiner bieten nun in der dramatischen Durchführung ihrer Gedanken tatsächlich eine außermoralische Alternative an, die einen ganz anderen Gestus hat und die geistigen Verhältnissen von Entwicklung erfasst, welche nicht einfach ursächlich auf bestimmte Subjekte zurückgeführt werden kann, sondern eher aus einem Zwischenbereich der Verhältnisse der

Handelnden zueinander hervorgeht. Diesen Zwischenbereich der Verhältnisse möchte ich die «*Konstellation*» nennen und diesen Begriff für ein Verständnis von Entwicklung neben die Rede vom Drama stellen.

In Kleists Drama macht einer der Freunde des Prinzen, als er sich vor dem Kurfürsten für seine Begnadigung einsetzt, den Kurfürsten auf dessen eigene Mitschuld am Ungehorsam des Prinzen aufmerksam. Hohenzollern, so heißt der Mann, erinnert nämlich den Kurfürsten daran, dass er, der Kurfürst selbst, durch den Scherz, den er sich mit dem somnambulen Prinzen erlaubt hatte, diesen, der ja in der Folge den Handschuh der Natalie zurückbehält, so verwirrt hat, dass er bei der Bekanntgabe des Schlachtplans nicht so bei Bewusstsein war, dass er den erteilten Befehl hätte richtig aufnehmen können. Der Kurfürst weist die Anschuldigung zurück, muss aber doch erkennen, dass an dem Einwurf Hohenzollerns etwas dran ist, dass er selbst beteiligt ist. Er seinerseits spielt nun den Ball zurück auf Hohenzollern, denn der ist es ja gewesen, der ihn, den Kurfürsten, in den Garten zu Fehrbellin gerufen hat, um ihn auf den offenbar in Siegesträumen schlafwandelnden Prinzen aufmerksam zu machen. Auch das ist richtig.

«Wäre jener nicht und hätte dann dieser nicht, dann hätte auch der andere nicht ...» Die Schuldfrage lässt sich durch die verschachtelten Ursache-Wirkungs-Verhältnisse nicht wirklich beantworten. Hier hat sich etwas zu einem sinnhaften Geschehen gefügt, ohne von einem einzelnen Subjekt verursacht oder arrangiert worden zu sein. Und dieses Gefüge spielt noch dazu in der Sphäre des nur Halbbewussten und Unabsichtlichen der Beteiligten.

Bei Rudolf Steiner finden wir eine ähnlich verschachtelte, aber noch viel komplexere Konstellation im Vorfeld des Eintritts des

Menschen ins Bewusstsein, in die Materie, in die Moralität, die Freiheit, die Sterblichkeit. Sie reicht sogar bis in die Zeit des alten Saturn zurück. Steiner beschreibt sie in jenen großen imaginativen Vorträgen über *Die Evolution vom Gesichtspunkte des Wahrhaftigen* (GA 132). Das, was wir in der Anthroposophie gewohnt sind, die «luziferische Versuchung» zu nennen, hat eine lange und verwickelte Vorgeschichte. Auf die Frage nach der Konstellation, die zur Entstehung des Bösen oder der Schuld geführt hat, liest sie sich komprimiert wie folgt:

Auf dem alten Saturn opfern die Throne ihre Wesenheit den Cherubim, dadurch entsteht die Wärme und die Zeit. Ein Teil der Cherubim nimmt dieses Opfer an, ein anderer verzichtet darauf. Durch diesen Opferverzicht entsteht auf dem alten Mond das Wässrige, und – das ist sehr merkwürdig – zugleich wird durch diesen Verzicht der entstandenen Zeit die Ewigkeit und, wie es ausdrücklich auch heißt, die Unsterblichkeit abgerungen. Sterben kann auf dem alten Mond freilich noch niemand, denn der Tod ist ja erst die Folge des Sündenfalls auf der Erde. Der nun aber hat seine Vorgeschichte eben auch in dem Opferverzicht der Cherubim. Denn was geschieht mit der frei gewordenen Opfersubstanz, auf die die Cherubim verzichtet haben? Ihrer bemächtigen sich die luziferischen Wesenheiten. Und das ist der Grund dafür, warum sie auf dem alten Mond in ihrer planmäßigen Entwicklung zurückbleiben, was dann wiederum auf der Erde dazu führt, dass sie ihr eigenes Zurückbleiben durch die Versuchung des Menschen, die sich als eine Verfrühung seiner Ich-Geburt erweisen wird, zu kompensieren suchen. Das heißt, schon auf dem alten Mond geschieht im Zurückbleiben der luziferischen Wesenheiten etwas Dramatisches, etwas Außerplanmäßiges, etwas, was so nicht hätte sein sollen. Die luziferischen Wesenheiten hätten sich anders entwickeln sollen, als sie es taten. Doch von einer Schuld auf ihrer Seite will Steiner hier sachgemäß nicht sprechen. Deshalb, und weil es schwer ist, diese Verhältnisse außermoralisch zu formulieren, führt er eine moralische Gegenrede und sagt – aber er sagt es in Anführungszeichen – «dass eigentlich die Urschuld, wenn wir von einer solchen Urschuld sprechen wollen, an diesem Zurückbleiben gar nicht diejenigen haben, welche zurückgeblieben sind», sondern eben die Cherubim mit ihrem Opferverzicht.[4] Die aber schaffen mit ihrem Opferverzicht ja zweierlei Voraussetzungen, nämlich zum einen die für das Zurückbleiben der luziferischen Wesenheiten und zum anderen die für die Überwindung des Todes in der Erlangung der Unsterblichkeit. Das Zurückbleiben der luziferischen Wesenheiten erweist sich als Grund für die Versuchung des Menschen zum Sündenfall; die Erlangung der Unsterblichkeit wird zur Überwindungsbedingung für die Folgen des Sündenfalls.[5]

Wollen wir das alles einen «Plan» nennen? Treffen die Cherubim «Vorkehrungen» gegen die Konsequenzen des Sündenfalls, den sie letztlich selbst absichtlich verursacht haben? Und das auch noch mit derselben Tat: dem Opferverzicht? – Ich glaube nicht.

Die Rede von der «Unsterblichkeit» ist hier eine Antizipation aus dem intuitiven Geist des Dramatikers, der das Stück und seine Konstellationen überschaut, der sich außerhalb der Zeit und ihres chronologischen Nacheinander stellen kann und das Ganze betrachtet, wie wir ein Gemälde betrachten können.

Steiner spricht auch hier von der «weisen Weltenlenkung».

4 GA 132, 14.11.1911.

5 Vgl. hierzu auch Ruth Ewertowski: Das Böse – ein Anachronismus. Vom Sinn jenseits der Rationalität, in: *die Drei*, Heft 8/9-2007, S. 97ff.

Versteht man dies aber im Zusammenhang, dann ist das eine Als-ob-Rede wie die von der «Urschuld» der Cherubim, denn die Grammatik unseres Denkens ist so verfasst, dass wir immer linear in Ursachen und Zwecken denken und nicht wie der intuitive Geist, der das Ganze in seinen zweckfreien Relationen erfasst. Spricht der intuitive Geist in den Kategorien unseres Verstandes, so tut er es in Anführungszeichen.

Die Mitte und der durchkreuzte Plan

Nun gibt es aber für uns, die wir die Fähigkeit der Intuition nicht oder noch nicht haben und unser Denken immer wieder auf die Krücken von Ursache und Zweck abstützen, noch eine andere Möglichkeit des Zugangs: Zwar können wir nicht das Ganze überschauen, aber wir können auf den kleinen Bruder des Ganzen schauen: auf die *Mitte*.

Es ist eine ebenso schlichte wie fundamentale und leicht zu übersehende Tatsache, dass die Welt-, Erd- und Menschheitsgeschichte in der Anthroposophie von der Mitte her gedacht wird. Das bekannte Bild der Parabel zeugt davon. Diese Parabel hat im Grunde keinen definierten Anfang und kein definiertes Ende, doch eben eine definierte Mitte. In der Mitte der Weltentwicklung steht die Erde, und in der Mitte der Erdentwicklung steht das Ich, und – hier steht Christus.

Mit dieser Akzentuierung der Mitte unterscheidet sich die Anthroposophie wesentlich von den anderen klassischen Weltbildern, nämlich sowohl von dem linearen als auch von dem zyklischen, also sowohl von dem jüdisch-christlichen oder auch naturwissenschaftlichen Weltbild des Westens, das vom Anfang her und auf ein Ende hin denkt – also kausal und final –, als auch von dem Denken in Kreisläufen wie im Osten oder einem mehr archaischen Naturverständnis.

Wie fest steht nun aber diese Mitte tatsächlich? – Zunächst scheint sie ja, wie schon gesagt, ihre inhaltlich klar definierte Gestalt in der Begabung des Menschen mit dem Ich und im Kommen Christi zu haben. Lag nicht dies so im Weltenplan, und ist es nicht auch so gekommen? – Ja und Nein. Es lag im Plan, aber der Plan wurde durchkreuzt. Und nur dadurch, dass er durchkreuzt wurde, konnte es zu einer freiheitlichen Entwicklung kommen. Der Plan selbst war also von vornherein so wenig festgelegt, dass er auch durchkreuzt werden *konnte*. Es ist ein Plan mit dem vollen Risiko im Hinblick auf seine Erfüllung. Und tatsächlich hat er sich nicht so erfüllt wie vorgesehen. Denn das, was in der Mitte hätte kommen sollen, das kommt nicht in der Mitte. Und dass es da nicht kommt, ist in einem gewissen Sinne das «Böse», es ist die Sonderung, die ‹Sünde›, die Loslösung vom Beabsichtigten. Das Böse war eben nicht geplant. Es ist vielmehr das Außerplanmäßige, die Trennung vom Plan. Das ist im Grunde seine Wesensbestimmung. Es ist die Verbotsübertretung, die Insubordination. Diese ist es, die die Mitte gewissermaßen dynamisiert, indem sie sie unkalkuliert in Bewegung versetzt, Neues in die Welt bringt, wirkliche, ergebnisoffene Entwicklung möglich macht.

Um es konkreter zu machen: In der Mitte der Weltentwicklung steht die Erde. Und in der Mitte der Erdentwicklung liegt die atlantische Zeit. Sie ist die Mitte der Mitte. Hier ist gewissermaßen der «naturgemäße» Ort der Ich-Entwicklung und des Christusprinzips. Hier hätte der Christus kommen sollen. Wir wissen, dass er hier nicht kam. Er kommt erst später, also nach der Mitte, nämlich in der nachatlantischen Zeit. Warum? – Weil das Ich des Menschen ebenfalls zu einem Zeitpunkt kommt, an dem es «planmäßig» nicht hätte kommen sollen: Es kommt zu früh, nämlich in der Lemuris, in der die planmäßige Entwicklung des Menschen nur bis zum Astralleib vorangeschritten war und sein Bewusstsein auf der Ebene des Traumzustandes war (vgl. die Abbildung S. 80 unten). In diesem Traumzustand wird der Mensch versucht – ganz wie Kleists Prinz von Homburg. Diese Versuchung hat die beschriebene Vorgeschichte im Wechselwirken der Hierarchien untereinander beziehungsweise in dem Spiel der Hofgesellschaft, die sich dem somnambulen Prinzen zuwendet und ihm den mit einer Goldkette umwundenen Lorbeerkranz hinhält. Der Prinz wird in der Folge, wie es bei Steiner im Vortrag über «Erbsünde und Gnade» in Bezug auf den Urmenschen heißt, mit dem Astralleib «schuldig»,[6] mit dem der Mensch ja streng genommen gar nicht schuldig werden kann. Mit diesem Unschuldig-schuldig-Werden aber wird nun vorzeitig das Ich auf den Plan gerufen, denn nur dieses kann tatsächlich schuldig sein. Und tatsächlich greift ja der Prinz, wie es ausdrücklich heißt, «zu früh» in die Schlacht ein, durchkreuzt so den Plan, was zu einem Sieg führt, aber bezeichnenderweise nicht so, wie der Kurfürst es sich erhofft und geplant hatte, zu einem endgültigen Sieg.[7] Nein, die Geschichte geht nicht planmäßig glatt und siegreich auf, sie geht weiter, entwickelt sich.

Die Verfrühung auf der einen Seite hat eine Verspätung auf der anderen zur Folge, nämlich das Kommen des Christusprinzips. Dieses kommt nun, so Rudolf Steiner in den Vorträgen über *Welt, Erde und Mensch*, deshalb später, weil der Mensch jetzt in Betreff seines Ichs eigentlich eine Frühgeburt geworden

6 GA 127, 3.5.1911.

7 Vgl. V,5.

ist und noch einiges nachzuholen hat, was ihm ansonsten in der Mitte der Zeit gewissermaßen von selbst gegeben worden wäre. Der Mensch sei durch seine Freiheitstat «unter seine instinktive, normale Entwicklungsstufe heruntergedrängt worden, und die Folge war, dass er jetzt erst durch sich selber heranreifen musste: sodass er also das Christusprinzip um dieselbe Zeit später empfangen konnte, als vorher die luziferischen Wesenheiten eingegriffen hatten.»[8]

Und das Christusprinzip kommt jetzt nicht nur später, sondern es kommt auch ganz anders als erwartet, nämlich als das Mysterium von Golgatha mit Tod und Auferstehung. Christus kommt als der wahre Luzifer, der jetzt das Ich in einer neuen Gestalt bringt beziehungsweise seine Neugeburt ermöglicht. Aber auch darauf war so nicht zu rechnen. Auch hier waltet ein diffiziles Konstellationsgefüge, wie es kaum risikoreicher und zugleich sinniger hätte sein können. Das spricht dafür, dass hier die Realität des Geistes waltet. Die Erlösungstat Christi ist genauso wenig garantiert wie die Begnadigung des Prinzen von Homburg. Christi Tat hat die Dimension des Freiwillig-Unfreiwilligen, an dessen unfreiwilligem, also für Christus wahrhaft gegnerischem Aspekt Judas seinen eigenständigen, also undeterminierten Anteil hat. Ebenso ist die Begnadigung des Prinzen durch den Kurfürsten, der hier ja quasi auch von einem versuchenden Luzifer zu einer Art wahrem Luzifer wird, alles andere als garantiert, was der Prinz erst einsehen muss. Und sie kann nur dann wirklich und nicht nur äußerlich vollzogen werden, wenn der Prinz zum Tod bereit ist, worauf wiederum der Kurfürst, bei seiner Entscheidung, den Prinzen zum Richter über sich selbst zu machen, nicht mit Gewissheit rechnen kann.

8 GA 105, 10.8.1908.

Intelligible Kontingenz

Die Idee des Dramas legt ebenso wie das Steinersche Bild von der Parabel seine Emphase auf die Mitte. Seit Aristoteles spricht man bezüglich des Dramas von der «Peripetie», dem Umschlagpunkt als ausgezeichnetem Punkt in der Mitte des Dramas. Diese Peripetie, die entscheidende Wende, geschieht unerwartet, und zwar unerwartet vor dem Hintergrund des zu Erwartenden, also in einer Spannung von Ordnung und Unordnung. Dieser Punkt liegt jenseits von Rationalität und Irrationalität, von Gesetz und Anarchie, von Determination und Zufall. Er lässt sich schwer auf einen inhaltsvollen Begriff bringen. Doch findet sich ein sehr treffender Ausdruck für diesen Umschlagpunkt in der neueren Philosophie, einer Philosophie der Literatur bezeichnenderweise. Es ist ein Ausdruck, der sich in einem kleinen Text, einem Vortragstext des 2005 verstorbenen französischen Philosophen Paul Ricoeur, verbirgt. Unter dem Titel «Kontingenz und Rationalität in der Erzählung» hatte Ricoeur am 14.5.1985 in Tübingen einen beachtenswerten Vortrag gehalten, in dem er von der *«intelligiblen Kontingenz»* spricht, die er von der irrationalen Kontingenz eines bloßen Vorfalls unterscheidet.[9] Kontingent ist etwas, was geschieht, aber auch anders oder gar nicht hätte geschehen können. Ist diese Kontingenz intelligibel, so ist sie, weil ja kontigent, nicht geplant, aber das, was eine Handlung zu einem, wie man im Englischen sagt, «plot» macht. Vielleicht könnte man auch sagen, es ist das, was die history zu einer story macht, was Evolution zu einem Unabgeschlossenen und dennoch Ganzen, einem Kunstwerk, macht, nämlich so,

9 Paul Ricoeur: Kontingenz und Rationalität in der Erzählung, in: ders.: *Zufall und Vernunft in der Geschichte,* Freiburg/München 1986.

dass die Kontingenz stets im Nachhinein von uns als sinnvoll erlebt werden kann.

Dieser Einschlag des Unerwarteten, diese Spannung zwischen Ordnung und Unordnung ist das eigentlich Dramatische. Dieses ist nicht nur der literarischen Gattung des Dramas vorbehalten. Es ist auch und ganz besonders ein Aspekt des Karmas, denn Karma ist gewissermaßen die ‹story› der Individualität, das Kunstwerk ihrer Inkarnationen, in dem immer wieder völlig Unerwartetes und radikal Veränderndes geschieht, was eben jedes einzelne Karma unverwechselbar macht. Das wäre nun ein eigenes Kapitel.

Metamorphose – Entwicklung als freie Verwandlung der Wesensglieder

Abschließend soll hier noch auf einen anderen Aspekt des anthroposophischen Evolutionsverständnisses aufmerksam gemacht werden, der ebenfalls die Bedeutung der Mitte als eines wendenden, eines verwandelnden Punktes hervorhebt.

Zieht man durch die Mitte der Entwicklungsparabel einen Strich, so erhält man eine Symmetrieachse, an der sich die linke und die rechte Seite der Parabel spiegeln. Auch Kleists Drama ist symmetrisch angelegt wie die Parabel der Welt-, Erd- und Menschheitsentwicklung bei Steiner. Das Drama endet dort, wo es beginnt: bezeichnenderweise in einem Garten, dem Schlossgarten von Fehrbellin. Es ist wieder Nacht, und das Personal und die Utensilien sind dieselben wie am Anfang: die Hofgesellschaft und der Lorbeerkranz mit der goldenen Kette. Und doch ist alles anders. Es hat eine grundlegende Verwandlung stattgefunden, eine *Metamorphose*, und zwar jenseits von

Kausalität und Finalität aus dem Wesenszentrum des Menschen heraus, aus seinem Ich, das selbst keine lineare Entwicklung durchläuft. Linear gesehen würde sich das Ich in das Geistselbst weiterentwickeln. Aber so ist es nicht. Vielmehr ist das Ich das Zentrum einer Verwandlung, es verwandelt nämlich sein niederes Wesensglied in sein höheres: seinen Astralleib in sein Geistselbst. Auf einer höheren Stufe sind dann der Ätherleib in den Lebensgeist und schließlich der physische Leib in den Geistesmenschen zu verwandeln.

In dieser Verwandlung liegt das Geheimnis des initiatorischen Charakters von Entwicklung beschlossen, der uns sowohl bei Kleist als auch bei Steiner auf das nicht kalkulierbare Moment der Freiheit in der Entwicklung verweist: Sie hängt vom Ich ab. Und die Tatsache, dass die Leiblichkeit durch das Ich in die Geistigkeit des Menschen verwandelt wird, garantiert uns, dass diese Entwicklung vollkommen einzigartig und individuell verläuft.

Entwicklung hat im Menschheits-Ich, dem Christus, und im Ich des Menschen ihr dynamisches Zentrum. Dynamisch ist es, weil diese Mitte gespalten ist, nämlich in Bewusstwerdung und Erlangung eines höheren Bewusstseins oder – in anderen Dimensionen gesprochen – in Sündenfall und Mysterium von Golgatha. In dieser Spannung liegt der Quellort des Schöpferischen, das eben nicht am Anfang steht und eine Kausalitätenreihe eröffnet, sondern in unaufhörlicher Auseinandersetzung mit den gerade auch physischen Gegebenheiten Entwicklung zu einem Akt der Verwandlung macht, die nicht beliebig ist, aber ganz und gar individuell. Individuell heißt, sie ist wie eben ein wirkliches Kunstwerk stets ein Unikat, und dieses zeichnet sich durch intelligible Kontingenz aus. Ein intelligentes Design aber ist dem Begriff nach etwas, was grundsätzlich wiederholbar und eben nicht einmalig ist. Ein Designer entwirft nur die Muster einer künftigen Produktion. Ein Künstler hingegen, und jedes Ich ist ein solcher – und im engeren Sinne ist es in Bezug auf seine eigene Geschichte ein Dramatiker –, jeder Künstler schafft aus der Mitte der Gegenwart in der Auseinandersetzung mit einem unter Umständen widerspenstigen Stoff immer wieder Neues und Unwiederholbares.

Jörg Ewertowski

Die Gottesentwicklung

Von der Beziehung zwischen dem Entwicklungs- und dem Gottesgedanken in Theologie, Philosophie und Anthroposophie

Der Gottesname, den Moses am Dornbusch vernimmt, lautet: «Ich bin der Ich bin». Man hat aus diesem Wort herausgehört, dass Gott unveränderlich ist, erhaben über die Vergänglichkeit der Welt, dass Gott das Sein selbst ist, im Unterschied zum Seienden. Die Theologie distanziert sich schon seit Längerem von dem daraus entstandenen statischen Gottesbild. Sie versucht die Überformung des biblischen Gottes durch das Seinsdenken der griechischen Philosophie rückgängig zu machen. So findet man nun auf der theologischen Seite umgekehrt das Bild eines geschichtlich handelnden personhaften Gottes, eines Gottes, der zornig werden kann, der seine eigene Schöpfung sogar zeitweise bereut, der sich in seinem Zorn aber auch umstimmen lässt. Und Hans Jonas zeichnet das Bild eines Gottes, der schon in der Schöpfung und nicht erst im Kreuzestod auf Golgatha seine Allmacht preisgibt. Der Karfreitag wird auf die Weltgeschichte ausgedehnt, das Mysterium von Golgatha löst sich dadurch als ein einzelnes geschichtliches Ereignis auf. Dem mehr am Judentum und an der spätantiken Gnosis orientierten Philosophen Jonas, wie auch vielen christlichen Theologen, geht es um die Überwindung des antiken «Apathie-Axioms», das ein Mitleiden Gottes mit der Welt für unmöglich erklärt.[1] Mehr oder weniger ausgeleuchtet steht hierbei die Theodizeeproblematik und die Idee von der Schöpfung, die ein Opfer ist («Zimzum») im Hintergrund.[2]

Eine deutliche Grenze ziehen alle Theologen bis heute aber dort, wo die Ablösung des Gottesbildes vom statischen Sein der griechischen Philosophie in die Idee eines sich *entwickelnden* Gottes umschlagen könnte. Geschichtlichkeit wird bejaht, Evolution aber und menschliche Entwicklungsgeschichte im Sinne einer Vervollkommnungsbewegung wird heute grundsätzlich skeptisch angesehen und auch im Hinblick auf Gott wie selbstverständlich abgelehnt.[3] Kommt dabei nicht doch

1 So schreibt Hans Jonas, «... so viel an ‹Werden› wenigstens müssen wir in Gott zugestehen, wie in der bloßen Tatsache liegt, dass er von dem, was in der Welt geschieht, affiziert wird, und ‹affiziert› heißt alteriert, im Zustand verändert. Auch wenn wir davon absehen, dass schon die Schöpfung als solche ... ja schließlich eine entscheidende Änderung im Zustand Gottes darstellt, insofern er nun nicht mehr allein ist, so bedeutet sein fortlaufendes *Verhältnis* zum Geschaffenen, ... dass er etwas mit der Welt erfährt, dass also sein eigenes Sein von dem, was in ihr vorgeht, beeinflusst wird. ... Also, wenn Gott in irgendeiner Beziehung zur Welt steht ... dann hat hierdurch allein der Ewige sich ‹verzeitlicht› und wird fortschreitend anders durch die Verwirklichung des Weltprozesses.» Hans Jonas, *Gedanken über Gott. Drei Versuche*, Frankfurt/M 1994, S. 39. Vgl. auch Jürgen Moltmann, *Der gekreuzigte Gott*, Gütersloh 2002, und ders. *Wissenschaft und Weisheit. Zum Gespräch zwischen Naturwissenschaft und Theologie*, Gütersloh 2002.

2 Vgl. hierzu Günter Röschert, Gott und die Übel in der Welt, in: *Anthroposophie,* Nr. 241, Michaeli 2007, und Sophia und die Kabbala Isaak Lurias, in: *Anthroposophie,* Nr. 225, Michaeli 2003.

3 So schreibt beispielsweise Wolfhard Pannenberg: «Es mag sich für die geschichtliche Erfahrung der Menschen so darstellen, dass erst mit der eschatologischen Vollendung der Geschichte die Gottheit

wieder ungewollt ein metaphysisches Gottesbild ins Spiel? Wenn wir «Gott» *denken*, dann denken wir wie Anselm von Canterbury «das, über dem nichts Größeres gedacht werden kann».[4] Wohin sollte sich ein Wesen entwickeln können, das bereits vollkommen ist? Können wir noch «Gott» denken, wenn dieser sich erst zum Gott entwickeln muss?

Wer die Frage, ob Gott sich entwickeln kann, daraufhin entschieden verneint, der muss aber, wenn er nur ein klein wenig weiter denkt, eine unerwartete Erfahrung machen: Den Gott, der sich nicht entwickeln kann, können wir ebenfalls nicht als vollkommenes Wesen denken. Wenn er sich nicht entwickeln *kann*, dann *fehlt* ihm etwas, nämlich die Entwicklungsfähig-

des von Jesus verkündeten Gottes endgültig erwiesen sein wird. Es mag darüber hinaus die Gottheit Gottes auch der Sache nach ohne die Vollendung seines Reiches undenkbar sein, also von ihrem eschatologischen Eintreten abhängen: Die eschatologische Vollendung wird damit nur zum Orte der Entscheidung darüber, dass der trinitarische Gott immer schon, von Ewigkeit zu Ewigkeit, der wahre Gott ist.» Wolfhard Pannenberg, *Systematische Theologie*, Göttingen 1988, S. 359. Oder Eberhard Jüngel «entschärft» den vielversprechenden Titel seines Buches *Gottes Sein ist im Werden* im Vorwort sogleich folgendermaßen: «Der Titel dieser Abhandlung mag befremden. Doch ich bitte, genau zu lesen. Vom ‹werdenden Gott› ist nicht die Rede. Gottes Sein wird nicht mit Gottes Werden identifiziert; vielmehr wird Gottes Sein ontologisch lokalisiert. ... Das Werden, in dem Gottes Sein ist, kann selbstverständlich – oder besser: im Verständnis des Glaubens – weder eine Steigerung noch eine Minderung des Seins Gottes bedeuten.» Eberhard Jüngel, *Gottes Sein ist im Werden*, Tübingen 1986, S. VI (Vorwort zur ersten Auflage 1965).

4 «Also, Herr, der Du die Glaubenseinsicht gibst, verleihe mir, dass ich, soweit Du es nützlich weißt, einsehe, dass Du bist, wie wir glauben, und das bist, was wir glauben. Und zwar glauben wir, dass Du etwas bist, über dem nichts Größeres gedacht werden kann.» Anselm von Canterbury, *Proslogion*, Stuttgart / Bad Cannstatt 1964, S. 85.

keit. – Jetzt ist etwas geschehen, was wir nicht mehr rückgängig machen können. Allein dadurch, dass wir *gefragt* haben, ob Gott sich entwickeln kann, ist unser bisheriges Gottesbild ins Wanken geraten. Wir haben Gott als das vollkommenste Wesen verloren, gleich ob wir ihm Entwicklung zu- oder absprechen. Damit können wir jetzt weder vor noch zurück. Auch der erste Einwand gegen die Gottesentwicklung ist keineswegs überwunden: Wenn die Gottesentwicklung einen Mangel überwinden, wenn Gott sich erst zur Vollkommenheit entwickeln muss, dann ist er nicht «Gott», sondern bestenfalls «ein Gott». An dieser Stelle wird zugleich deutlich, warum sich der Gedanke von der Vollkommenheit Gottes nicht einfach aufgeben lässt. Mit seiner Hilfe unterscheiden wir nämlich Gott von den Göttern. Ihn als den höchsten der uns derzeit bekannten Götter anzusetzen, reicht nicht aus, denn wir würden uns dann im Grenzenlosen verlieren.

Im Raum des Polytheismus, im Raum der Hierarchienwelt, fällt es leicht, von einer Entwicklung der hierarchischen Wesenheiten, eben der «Götter», zu sprechen. Anders aber dort, wo es um den einzigen Gott im monotheistischen Sinn geht, der sich von allen anderen Wesen so radikal unterscheidet, dass es keinen anderen (gleichartigen) Gott neben ihm geben kann. Es ist dieser einzige Gott, von dem wir auch jenes wichtige «Ich-bin-Wort» im Ohr haben, das die Thematik auf den Punkt bringt: «Ich bin das Alpha und das Omega, der Erste und der Letzte, der Anfang und das Ende» (Offb. 22,13). Was ihn betrifft, befinden wir uns jetzt in der beschriebenen Ausweglosigkeit: Wir können ihn nicht als sich entwickelnd denken, ihm aber auch nicht die Entwicklungsfähigkeit absprechen. In beiden Fällen würden wir ihm das rauben, was wir jetzt «Vollkommenheit» genannt haben, und damit das, was ihn zu dem *einzigen* Gott macht. Was aber ist das genau? Was meinen wir eigentlich mit Begriffen wie Vollkommenheit, Absolutheit, Unendlichkeit, mit Wendungen wie: «Das, über das hinaus nichts Größeres denkbar ist»? Mit dem Anselmschen Gottesgedanken bahnt sich die Neuzeit bereits aus der Ferne an, und spätestens bei Cusanus kommt deutlich heraus, dass sich jetzt mit dem Gottesgedanken eine grundlegend neue Idee der Unendlichkeit verbindet. Weil die Unendlichkeit die Gegensätze in sich vereint, weil sie in sich zurückläuft, deshalb unterscheidet sie sich von der ungöttlichen Grenzenlosigkeit, vor der die antiken Denker zurückgeschreckt sind. Und so wie die wahre Unendlichkeit das Endliche nicht von sich ausschließt, weil sie sich dadurch verendlichen würde, so schließt sie auch die Leidensfähigkeit nicht aus. Das antike Apathie-Axiom ist, so scheint mir, mit dem neuzeitlich-philosophischen Gottesbegriff wenigstens unausdrücklich schon überwunden. Gilt das auch für den Entwicklungsgedanken?[5]

5 Der Theologe Pannenberg begreift die Unendlichkeit Gottes als Ausdruck seiner Heiligkeit. Deshalb versteht auch er sie nicht als die quantitative Schrankenlosigkeit der Antike, sondern als das qualitativ Andere gegenüber allem Endlichen, also gegenüber all dem, was durch anderes mitbestimmt oder begrenzt ist. Pannenberg weiß, dass die Unendlichkeit sich nicht dadurch vom Endlichen abgrenzen kann, dass sie das Endliche von sich ausschließt (Pannenberg, a.a.O., S. 429ff.). Von hier aus betrachtet, scheint mir aber zumindest erwägenswert, ob der «von Ewigkeit zu Ewigkeit wahre Gott», von dem er zuvor gesprochen hat (a.a.O., S. 359) und den er von der Geschichtlichkeit freihalten will, nicht doch in einem engeren Verhältnis zur Geschichtlichkeit steht, als er es zugeben will. Freilich müsste auch der «eschatologische» (d.h. der auf eine kommende Vollendung ausgerichtete) Charakter der Geschichtlichkeit dazu noch im Sinne der neuzeitlichen Idee von der Unendlichkeit «weiterentwickelt» werden. Zu diesem Themenkomplex vgl. auch

Gottesidee und Entwicklungsgedanke

Wenn wir uns ernsthaft der Frage nach der Gottesentwicklung stellen wollen, dann müssen wir auch den Entwicklungsbegriff neu überdenken. Wir müssen uns von der Selbstverständlichkeit freimachen, mit der wir Entwicklung grundsätzlich als eine Bewegung vom Niederen zum Höheren, vom Unvollkommenen zum Vollkommenen denken: Kann «Entwicklung» nicht auch noch etwas anderes besagen als Vervollkommnung? Und dann müssen wir uns von der Selbstverständlichkeit freimachen, mit der wir die Einzigkeit Gottes als Vollkommenheit im Sinne der Vollendung denken. Wir werden auf den tiefen Schlagschatten der Vollendung aufmerksam, nämlich auf das damit verbundene «An-sein-Ende-gekommen-Sein». Unter diesen neuen Bedingungen dürfen wir dann aber auch die Entwicklung nicht länger als ein Streben nach dem Ende, als Zweckverwirklichung oder Teleologie denken. Gelingt uns das? Können wir dann noch Entwicklung vom bloßen Formenwandel unterscheiden? Stehen wir damit nicht vor dem ziel- und sinnlosen Fortschritt der Moderne, dessen verborgenes Wesen vielleicht ein Weg-Schritt, eine Flucht vor dem Ursprung und ein Weg in eine neue Grenzenlosigkeit ist? Relativiert sich dann nicht alles?

Aber genau das ist ja schon alles eingetreten, freilich nicht deshalb, weil man versucht hätte, den Entwicklungsgedanken von einem erneuerten Gottesgedanken her zu denken, son-

den immer noch aufschlussreichen «Klassiker» Heinz Heimsoeth, *Die sechs großen Themen der abendländischen Metaphysik und der Ausgang des Mittelalters* und darin besonders die Kapitel «Gott und Welt»; «Die Einheit der Gegensätze und Unendlichkeit im Endlichen», Stuttgart 1958.

dern umgekehrt, weil der teleologisch gefasste Entwicklungsgedanken die schattenhafte Kehrseite des philosophischen Gottesgedankens offenbar gemacht hat: Der Weltgeist, der die Einzelnen als Mittel zu seinem Zweck gebraucht, verwirklicht sich in seiner Zerrform in den Totalitarismen der Moderne. Als Reaktion darauf wird jegliche Geschichtsphilosophie, jegliches Denken, das auf Ganzheitlichkeit und Sinnhaftigkeit, ja allein auf verbindliche Wahrheit Anspruch macht, obsolet. Aber das Absolute kehrt wieder, nämlich in der sich selbst verbergenden Verabsolutierung des Relativen, die vom radikalen Historismus ausgeht, jener Auffassung, dass die Geschichtlichkeit, die mit allem Erkennen verbunden ist, die jeweils gewonnene Erkenntnis jeder Verbindlichkeit berauben muss. Auf diese Weise interpretiert beispielsweise der Historiker Helmut Zander die Anthroposophie als Anti-Historismus, als den vergeblichen Versuch, der definitiven Relativierung aller Werte und Wahrheiten doch noch einmal restaurativ etwas Bleibendes entgegenzusetzen.[6] Wer, nachdem der Historismus einmal alles relativiert hat, erneut wieder Ganzheitlichkeit und Sinnhaftigkeit der Welt vertritt, der kann – so setzt Zander voraus – nur durch eine reaktionäre Anti-Haltung bestimmt sein. Wiederholt Rudolf Steiner also nur den Deutschen Idealimus unter anderen, jetzt eigentlich schon überholten geschichtlichen Bedingungen?

Mir scheint, dass die seit dem Ende des 19. Jahrhunderts offenbare Krise des Entwicklungsgedankens und die Krise des Gottesbegriffs, die sich in Nietzsches diagnostisch gemeintem

6 Helmut Zander, *Anthroposophie in Deutschland*, Göttingen 2007. Vgl. hierzu auch Jörg Ewertowski, Die Anthroposophie und der Historismus, in: *Esoterik verstehen. Anthroposophie und akademische Esoterikforschung*, Stuttgart 2008.

Wort vom Tod Gottes exemplarisch manifestiert, eine gemeinsame Ursache haben. Deshalb muss es uns nun darum gehen, Tod und Auferstehung Gottes in eins mit einem neuen Entwicklungsgedanken denken zu lernen. Der Entwicklungsgedanke, der zunächst in die Unabhängigkeit von einem jeden Gottesbegriff zu führen scheint, weil die Evolution sich als Alternative zur Schöpfung darstellt, hat sich geschichtlich gesehen fast selbst wieder aufgehoben. Sollte ohne eine Gottesidee mit der Entwicklung kein Sinn mehr zu verbinden sein? Aber deshalb darf die Wissenschaft keinen religiösen Gottesbegriff dort als Krücke einsetzen, wo sie mit ihren eigenen Mitteln nicht mehr weiterkommt, sondern es geht im Gegenteil darum, dass die Tragkraft des Entwicklungsgedankens ohne einen erneuerten Gottes*gedanken* unzureichend bleibt. Unser Entwicklungsgedanke muss sich mit unserem Gottesgedanken vereinbaren lassen, aber nicht so, dass sich unser Gottesgedanke an unseren Entwicklungsgedanken anpasst oder umgekehrt. Beide Gedanken müssen vielmehr in gegenseitigem Bezug gemeinsam neu gewonnen werden.

Rudolf Steiners Gottesgedanke

Bei Rudolf Steiner tritt uns Gott zunächst in der Rede vom «Weltengrund» entgegen, der sich vollständig in die sich entwickelnde Welt ausgegossen hat, der sie daraufhin von innen treibt und der so im menschlichen Denken und der menschlichen Persönlichkeit schließlich in seiner höchsten uns unmittelbar bekannten Form erscheint. Wenn der Weltengrund Ziele habe, so der junge Rudolf Steiner 1886 in den *Grundlinien*, dann seien diese Ziele identisch mit den

Zielen, die sich der Mensch setzt.[7] Ganz im Sinne eines echt geschichtlichen Denkens (und somit alles andere als «anti-historistisch») wendet Steiner sich gegen eine teleologische Geschichtsphilosophie: «Alles apriorische Konstruieren von Plänen, die der Geschichte zugrunde liegen sollen, ist gegen die *historische Methode*, wie sie sich aus dem Wesen der Geschichte ergibt.»[8] Gott ist einer Welt immanent, deren

7 Das Thema ist hier freilich nicht Gott, sondern die Freiheit. Der Mensch handelt nicht aus Pflichtgefühl, sondern aus seinen Idealen heraus. Er lässt sich nicht von einer äußeren Macht Gesetze geben, sondern ist souverän. Aus diesem Zusammenhang heraus, also mit Blick auf die Gesetze, die sich der freie Mensch selbst gibt, formuliert Steiner dann: «Wer sollte sie ihm, nach unserer Weltansicht, auch geben? Der Weltengrund hat sich in die Welt vollständig ausgegossen; er hat sich nicht von der Welt zurückgezogen, um sie von außen zu lenken, er treibt sie von innen; er hat sich ihr nicht vorenthalten. Die höchste Form, in der er innerhalb der Wirklichkeit des gewöhnlichen Lebens auftritt, ist das Denken und mit demselben die menschliche Persönlichkeit. Hat somit der Weltengrund Ziele, so sind sie identisch mit den Zielen, die sich der Mensch setzt, indem er sich darlebt. Nicht indem der Mensch irgendwelchen Geboten des Weltenlenkers nachforscht, handelt er nach dessen Absichten, sondern indem er nach seinen eigenen Einsichten handelt. Denn in ihnen lebt sich jener Weltenlenker dar. Er lebt nicht als Wille irgendwo außerhalb des Menschen; er hat sich jedes Eigenwillens begeben, um alles von des Menschen Willen abhängig zu machen. Auf dass der Mensch sein eigener Gesetzgeber sein könne, müssen alle Gedanken auf außermenschliche Weltbestimmungen u.dgl. aufgegeben werden.» Rudolf Steiner, *Grundlinien einer Erkenntnistheorie der Goetheschen Weltanschauung*, GA 2, Dornach 1979, S. 125. Was für Hans Jonas also mit Blick auf die göttliche Leidensfähigkeit gesagt wird, das finden wir beim jungen Steiner als Hintergrund der menschlichen Freiheit: die vorbehaltlose Selbstentäußerung Gottes.

8 Rudolf Steiner, *Grundlinien,* a.a.O., S. 127.

geschichtlicher Sinn von der Freiheit des Menschen abhängt und zukunftsoffen ist.

In den Vorträgen über die biblische Schöpfungsgeschichte, spricht Steiner dann 24 Jahre später (1910) von einem Schöpfergott, der «von außen» den Menschen schafft. Im Unterschied zur gewohnten theologischen Darstellung entwickelt sich dieser Schöpfergott aber gerade im Schaffen: Nach dem fünften Schöpfungstag, also genau in dem Augenblick, in dem es um die Schöpfung des Menschen am sechsten Schöpfungstag geht, müssen sich die Elohim, die zuvor miteinander, aber als Gruppe geschaffen haben, zu einem neuen Bewusstsein, zu einem Bewusstsein ihrer Einheit hinaufentwickeln, um diese Aufgabe bewältigen zu können.[9] Haben sie vorher das schöpferische Wort in die Welt hinaus gesprochen, so sprechen sie jetzt zuerst sich selbst an, wenn sie zueinander sagen: «Lasset uns den Menschen schaffen.» Sie entwickeln sich zu jener Einheit, die in der Genesiserzählung in dem Gottesnamen «Jahwe» zum Vorschein kommt. Er wird genau an diesem Augenblick der Schöpfungserzählung erstmals verwendet. Der biblische Schöpfungsgedanke verbindet sich also in Steiners Darstellungen mit einer Gottesentwicklung. Die Entwicklung der Elohim zu Jahwe vollzieht sich in der Schöpfung des Menschen. Das ist hier deshalb kein Problem, weil der biblische Schöpfergott des Alten Testamentes sich für Steiner als ein bloßes Glied der Hierarchienkette darstellt. Es ist also streng genommen gar nicht von der Entwicklung *Gottes* die Rede, sondern von der Entwicklung der *Götter*. Wir blicken an dieser Stelle ausschließlich in den Raum des hierarchischen Polytheismus und nicht in den des trinitarischen Monotheismus. Nach Steiner spricht

9 Rudolf Steiner, *Die Geheimnisse der biblischen Schöpfungsgeschichte*, GA 122, Dornach 1984, S. 76 und S. 150f.

der biblische Schöpfungsbericht zudem auch gar nicht vom Uranfang der Welt, sondern erst von der Entwicklung der Erde, der die Entwicklung des «Alten Saturn», der «Alten Sonne» und des «Alten Mondes» vorausgegangen sind.

Wie steht es also mit der Schöpfung des Alten Saturn, mit der die Entwicklungskette der sieben planetarischen Weltentage beginnt? Es handelt sich hier um die höchsten Hierarchien, die Seraphim, Cherubim und Throne, die weit über den Elohim, den Exousiai, stehen, und von diesen heißt es, dass sie sich in einer vergangenen Weltentwicklung so weit emporgearbeitet haben, dass sie zu diesem Schöpfungshandeln fähig geworden sind. Auch sie entwickeln sich also, aber auch sie sind ja «nur» ein Teil des hierarchischen «Polytheismus». Besonders interessant ist dabei, dass die Schöpfungsfähigkeit, die sie erworben haben, die Opferfähigkeit ist. Spätestens hier wird also bei Steiner der Freiheitsaspekt in der Schöpfung unübersehbar, denn es gibt kein Opferbringen, das unfrei wäre.[10] Aber wir sind immer noch nicht beim «eigentlichen» Schöpfergott des christlichen Monotheismus angelangt, um den die philosophischen Ideen der abendländischen Geistesgeschichte gerungen haben.

Über der obersten Hierarchie befindet sich die Trinität. Die Trinität tritt bei Steiner an die Stelle des traditionellen Gottesbegriffs. Im Zusammenhang mit der Weltenschöpfung erfahren wir von ihr nur sehr wenig, nämlich dass die Seraphim, Cherubim und Throne von ihr die «Pläne» zur Schöpfung entgegennehmen.[11] Das klingt nun völlig anders als die Worte des jungen Rudolf Steiners vom Weltengrund, der sich in seine

10 Vgl. Ruth Ewertowski, *Das Opfer*, Stuttgart 2005.

11 Rudolf Steiner, *Geistige Hierarchien und ihre Widerspiegelung in der physischen Welt*, GA 110, Vortrag vom 18.4.1909.

Schöpfung ausgießt. Gott droht sich hier deshalb auch nicht länger pantheistisch aufzuheben, sondern eher umgekehrt als «Techniker» von der Welt abzusondern. Aber Steiner weist seine Zuhörer auch darauf hin, dass die Rede von den «Plänen» nur bildlich genommen werden darf, da es zur Beschreibung des wirklichen Vorgangs an menschlichen Worten fehle. Wie verhält es sich also bei Steiner mit dem *einzigen* Gott des Monotheismus, dem Gott, der das «Alpha und Omega» ist, der jeden Anfang und jedes Ende umfasst und deshalb anscheinend immer schon vollendet ist?

Eine Mitte, in der Anfang und Ende zusammentreffen

Hier müssen wir weit zurücktreten, um das alles Entscheidende zu bemerken, so nahe liegt es. Die Thematik des absoluten Anfangs wie auch die des Endes bleibt in der Anthroposophie aus. In der Weltentwicklung ist der «Alte Saturn» *ein* Anfang, aber es gab doch schon etwas davor. Das, was es jetzt zu sehen gilt, ist, dass der Gott, der von sich sagt, dass er der Anfang und das Ende ist, bei Steiner an einem ganz anderen Ort auftaucht als an dem des Anfangs oder Endes oder der Werdebewegung zwischen Anfang und Ende. Dieser Gott erscheint nämlich in der Mitte der Zeit, in der Menschwerdung auf Golgatha.[12] Ein

12 Ich bin auf diesen Sachverhalt erstmals durch eine Formulierung des Theologen Klaus Bannach aufmerksam geworden. Er beschreibt das anthroposophische Bild der Weltentwicklung wie folgt: «Die Evolution läuft auf ihr Zentrum, das Mysterium von Golgatha, also auf die Erde, also auf den Menschen, zu und bekommt von dort ihre neue Richtung …» (Klaus Bannach, *Anthroposophie und Christentum. Eine systematische Darstellung ihrer Beziehung im Blick auf neuzeitliche Naturerfahrung*, Göttingen 1988, S. 362.)

Altes kommt hier zu seinem Ende, ein Neues beginnt, Anfang und Ende treten unmittelbar zusammen, aber wie überkreuzt oder umgewendet, denn der Anfang kommt nach dem Ende, Ende und Anfang stehen gleichsam Rücken an Rücken, sodass von dieser Mitte aus die Weltentwicklung in das Grenzenlose beider Zeitrichtungen verlaufen kann. Wo aber eine grenzenlose, von keinem Schöpfungsanfang oder Erlösungsende begrenzte Zeit vorausgesetzt wird, da entstanden bislang zyklische Weltbilder, im Osten wie auch im Westen bei Nietzsche, wenn dieser von der «Wiederkehr des Gleichen» spricht. Gegen diese zyklischen Weltbilder wird immer wieder das jüdisch-christliche Weltbild mit seiner Konzeption einer einmaligen und linear zwischen Anfang und Ende verlaufenden Heilsgeschichte abgehoben. Wohin gehört jetzt die Anthroposophie? Ist sie ungeschichtlich, weil sie Anfang und Ende preisgibt und damit zugleich die Einzigkeit, die sich nur im geschichtlichen Weltbild des Abendlandes abzeichnen konnte? Aber für die Anthroposophie gibt es, anders als im Osten, eine *Mitte* aller Weltenwicklung, und zwar, das müssen wir uns richtig klarmachen: eine *einzige* Mitte. Das Ende des Kreuzestodes und der Anfang der Auferstehung markieren nicht nur die Mitte der Erdentwicklung, auch nicht nur die sieben Weltentage unserer großen planetarischen Entwicklung, sondern – so fasse ich es auf – die Mitte aller Entwicklung, die daraufhin zu einem einzigen Geschehen wird, auch wenn jetzt kein absoluter Anfang oder Ende ins Auge gefasst wird.[13]

13 Der vorhin schon erwähnte Klaus Bannach erläutert Steiners weltgeschichtlichen Entwurf aus der *Geheimwissenschaft* deshalb ganz treffend folgendermaßen: «Mittelpunkt aber der Erdgeschichte ist Christus, ist das Mysterium von Golgatha. Durch die Begegnung mit ihm wird der Mensch der Quellort der Freiheit in der Evolution.»

Obwohl wir in der Anthroposophie keinen Uranfang und kein Weltenende finden, stehen wir also dennoch nicht vor einer sich endlos wiederholenden Kette von Welten wie im Osten. Uns begegnet stattdessen ein in der Geistesgeschichte des Ostens wie auch des Westens völlig neuer Gedanke, der Gedanke einer Weltentwicklung, deren Einzigkeit von ihrer Mitte ausgeht.[14] Weil ihr der Sinn in der Mitte gegeben

Diese Begegnung ist es erst, durch die verhindert wird, dass sich im Kosmos die immer gleichen Prozesse von Entstehen und Vergehen abspielen, dass die Schöpfungsmächte Welt um Welt hervorbringen und eine Welt wie die andere ist.» (a.a.O., S. 185) – Interessant ist im Vergleich betrachtet, dass auch Hans Jonas seine Idee vom werdenden Gott als Korrektiv zu der ansonsten drohenden und bei Nietzsche eingetretenen Lehre von der Wiederkehr des Gleichen geltend macht: «Wenn wir jedoch annehmen, dass die Ewigkeit nicht unberührt ist von dem, was sich in der Zeit begibt, dann kann es niemals eine Wiederkehr des Gleichen geben, weil Gott nicht der Gleiche sein wird, nachdem er durch die Erfahrung eines Weltprozesses gegangen ist. Jede neue Welt, die nach dem Ende einer gewesenen kommen mag, wird sozusagen in ihrem eigenen Erbe die Erinnerung an das Vorangegangene tragen; oder mit anderen Worten: Es wird nicht eine indifferente und tote Ewigkeit da sein, sondern eine, die wächst mit der sich anhäufenden Ernte der Zeit.» (Hans Jonas, a.a.O., S. 40.)

14 Dass Rudolf Steiner selbst diese Umwendung oder Umstülpung des traditionellen Denkens von der Ausrichtung auf Anfang und Ende in die Mitte hin ganz bewusst fordert, wird aus dem Vortrag vom 16.10.1921 deutlich (GA 207). – Mit der Ausrichtung auf die Mitte allein sind freilich noch nicht alle Probleme gelöst. Es gibt nämlich nicht nur die Gefahr, die Mitte als Gleichgewichtsort zu verfehlen, sondern auch die, in der Mitte zu erstarren. Vgl. hierzu Wolfgang Schad, Das Problem der Mitte, in: *Mitteilungen aus der anthroposophischen Arbeit in Deutschland,* Nr. 125, Michaeli 1978. Und was die Mitte in der Weltgeschichte angeht, so bleibt in der Folge der Verschiebung, die durch den Sündenfall eingetreten ist, die exakte

wird, kann sie gleichermaßen «ganzheitlich-sinnvoll» wie auch völlig freilassend-ergebnisoffen sein. Hier gibt es weder eine determinierende Erstursache noch einen instrumentalisierenden Endzweck. Und weil in dieser Mitte jener Gott in die Geschichtswelt des Menschen tritt, der sich Moses als «Ich bin der Ich bin» geoffenbart hat, spricht Steiner schließlich von einer weltgeschichtlichen Ichgeburt, in deren Folge die gesamte Menschheit an der erlösenden Gotteskraft teilhat, die im Ich liegt: «Der Gott, der im Menschen wohnt, spricht, wenn die Seele sich als Ich erkennt.»[15] Was sagt Gott? Er sagt seinen Namen. Er sagt: «Ich bin». Steiner hört den Gottesnamen, der Moses am Dornbusch offenbart wurde, anders als die anfangs erwähnten Philosophen. Er besagt für ihn nicht: «Ich bin der ich bin, d.h. ich bin der, der sich selbst unveränderlich gleich bleibt», sondern er besagt für Steiner: «Ich bin der ‹Ich bin›, d.h.: Mein Name lautet: ‹Ich bin›.»[16] Den Gottesbegriff, nach dem wir suchen, jenen Gottesbegriff also, der einer Entwicklung fähig ist, den können wir auch in der wirklichen Natur unseres Ich verstehen lernen, denn unser Ich ist Wesen vom göttlichen Wesen, ohne deshalb ein Gott neben Gott zu sein. Und genau hier, im Verständnis des

rechnerische Mitte leer. Vgl. hierzu den Beitrag von Ruth Ewertowski in diesem Sammelband und den Aufsatz in *die Drei,* 8/9 2007: Das Böse – ein Anachronismus: Vom Sinn jenseits der Rationalität.

15 Steiner führt diesen Satz in der *Geheimwissenschaft* im Zusammenhang mit der Selbsterkenntnis der Bewusstseinsseele an (GA 13, Dornach 1989, S. 67).

16 Eine «Ich-bin-Lehre» gab es bereits in der Freimaurerei. Johann Baptist Kerning gilt als ihr Urheber (1774–1851). Ob Kerning die Dornbuschworte bereits wie Steiner gedeutet hat, habe ich nicht ausfindig machen können.

Ich, stoßen wir auf den völlig neuen Entwicklungsgedanken Rudolf Steiners noch von einer anderen als von der weltgeschichtlichen Seite aus.

Die Ich-Entwicklung des Menschen vollzieht sich nicht als einfache Höherentwicklung, in der aus dem Astralleib das Ich und aus dem Ich das Geistselbst würde, sondern als ein zugleich ab- wie auch aufsteigender Weg der Umwandlung von immer niedereren Leibesgliedern in immer höhere Geistesglieder. Das Ich ist das in der Mitte der Wesensglieder gelegene Umwandlungsprinzip. Dieser Entwicklungsgedanke, den wir dann auch vergleichbar in der Weltgeschichte wiederfinden, war den Theosophen unbekannt und ist auch in der Literatur des gesamten abendländischen und morgenländischen Geisteslebens meines Wissens sonst nicht zu finden. Wir haben seine Tragweite noch keineswegs ermessen; das erfordert eine ausführliche ideengeschichtliche Gegenüberstellung mit anderen Entwicklungsgedanken.[17]

Wo es uns gelingt, von dieser Mitte aus die Weltentwicklung zu betrachten, widersprechen sich Weltentwicklung und Weltschöpfung nicht länger. Kein anfänglicher Urgrund determiniert hier als Ursache, kein höchster Endzweck vergewaltigt, was er zu seiner Verwirklichung braucht, indem er es zum Mittel macht. Unsere Aufgabe ist es freilich, uns das richtig bewusst zu machen, damit wir nicht unversehens das Mysterium von Golgatha doch wieder im Rahmen eines Zweck-Mittel-Schemas funktionalisieren und damit das revolutionäre Neue durch

17 Im Hinblick auf den Vergleich mit den theosophischen Autoren habe ich dazu Vorarbeiten in meinem Buch *Die Entdeckung der Bewusstseinsseele* veröffentlicht und auch die Entstehung von Rudolf Steiners neuem Geschichtsbild in der Beschreibung der nachatlantischen Kulturepochen untersucht (Stuttgart 2007).

die Anwendung genau jener Kategorien, die es eigentlich schon überholt hat, fehldeuten. Es gilt also, es erst zu lernen, Entwicklung von jener Mitte aus zu denken, in der Ende und Anfang «Rücken an Rücken» stehen, und damit zu lernen, «Sinn» jenseits von Kausalität und Finalität zu denken.

Wenn uns das gelingt, dann kommt ein überraschendes Zumal von Sinnhaftigkeit und Unberechenbarkeit in unserem Verstehen zum Vorschein. Wenn wir den Gottesgedanken von der Weltenmitte her zu begreifen versuchen, dann werden wir erkennen, dass die Gottesentwicklung in der Menschwerdung auf Golgatha keine göttliche Höherentwicklung zum Zweck der göttlichen Selbstverwirklichung ist, sondern ein Opfer, ein Opfer aber, das viel mehr als eine bloße «Passion» beinhaltet. Die Passion als ohnmächtiges Mitleiden (Hans Jonas) gehört in den alten Prozess, der zwischen Anfang und Ende verläuft. Aber seit dem Ereignis von Golgatha steht das Ende mit dem Rücken zum Anfang. Und dieser neue Anfang, der also nach dem Ende kommt, eröffnet als Auferstehung eine neue schöpferische Blickrichtung. Ursprüngliche Weltschöpfung und neue Erlösungsschöpfung lassen sich deshalb weiterhin unterscheiden, das Mysterium von Golgatha fällt weder weg, noch wird die eine seiner beiden Seiten, die der Passion, ungleichgewichtig hervorgehoben und über den Weltprozess ausgedehnt. Das Apathie-Axiom lässt sich überwinden, ohne die «Absolutheit» Gottes und damit seine Einzigkeit aufzuheben. Gott bleibt Anfang und Ende, aber jetzt in der beschriebenen Form in sich selbst umgewendet, wodurch er von der Mitte aus in beide Zeitrichtungen ausstrahlt, anstelle die Zeit einzuschließen. – Sollte diese Umwendung selbst ein Aspekt jener Gottesentwicklung sein, die sich in der Menschwerdung auf Golgatha vollzogen hat, oder müssen wir uns darauf beschränken, sie als eine «Revolution», eine kopernikanische Wende in der menschlichen Ideengeschichte zu begreifen?

Wie dem auch sei, die Menschwerdung Gottes auf Golgatha ist aufs engste mit der Weltentwicklung verbunden, ohne jedoch in ihr aufzugehen. Sie bildet die weltgeschichtliche Mitte, an der sich das Alte und das Neue so spiegeln wie im Menschenwesen die Leibes- und die Geistesglieder. Rudolf Steiner ist hier weit über seinen noch traditionell-idealistischen Jugendgedanken von dem «Weltengrund», der sich in die Welt ausgießt, hinausgekommen. Die menschliche Freiheit entsteht menschheitsgeschichtlich nicht allein durch einen Schöpfungsakt, nicht allein dadurch, dass sich der «Weltengrund» in die Welt auflöst, sondern durch eine komplexe Konstellation von ursprünglicher Schöpfungsidee, späterer Durchkreuzung des mit dieser Idee verbundenen «Plans» und einem dramatischen menschheitsgeschichtlichen Geschehen, dessen Zentrum schließlich die Menschwerdung des Gottes ist, der sich dabei aber nicht etwa in der menschlichen Freiheit auflöst, sondern sich nun als ihr ermöglichendes Gegenüber offenbart.[18] Die

18 Dass der Mensch «ich bin» sagen kann, also den ursprünglich «unaussprechlichen» Gottes-Namen auf sich selbst anzuwenden vermag, bedeutet keineswegs, dass Gott von jetzt ab nur noch im Menschen zu finden wäre. Steiner beschreibt die Entstehung der Bewusstseinsseele am Ende der alten Atlantis (nahe der «rechnerischen» Mitte der Zeit) als den Augenblick, in dem der Mensch zu der Fähigkeit erwacht, zu sich selbst «ich» sagen zu können. Aber die eigentliche Leistung der Bewusstseinsseele, die wirkliche Natur des Ich zu enthüllen, kann erst im Zusammenhang mit dem viel späteren Ereignis von Golgatha und dem Johannesevangelium als eine zweite Ich-Geburt in der faktischen Mitte der Menschheitsgeschichte oder der einzelnen menschlichen Biographie begriffen werden. Vgl. hierzu: Jörg Ewertowski, *Die Entdeckung der Bewusstseinsseele*.

Nähe des Entwicklungsgedankens zum Pantheismus, die dem Deutschen Idealismus immer wieder vorgeworfen wurde, wäre von hier aus neu zu betrachten und – so meine ich – zusammen mit dem heute immer wieder geltend gemachten Problem der Erkenntnis von Sinn und Ganzheitlichkeit wenigstens auf ideengeschichtlicher Ebene neu zu erörtern.[19] Denn Sinn und Ganzheit verkehren sich unter gegenwärtigen Bedingungen tatsächlich in Ideologie und Totalitarismus, wenn Anfang und Ende einen Prozess umgreifen, der dadurch zur Zweckverwirklichung wird – anstelle von der Mitte des Ganzen aus den Sinn ins Offene zu strahlen.

19 Vgl hierzu: Reinhard Bode, Rüdiger Safranski – eine romantische Affäre, in: *die Drei,* 12/2007.

Arnold Suckau

«Evolution in Gott?»

Theologische und anthroposophische Perspektiven

Nichts steht statisch still oder wiederholt sich nur in Kreisläufen, sondern entwickelt sich weiter, so lautet das Bekenntnis des modernen Menschen. Aber gilt das auch für Gott? Einige halten die Frage für sinnlos, weil da sowieso nichts ist, wonach gefragt wird; andere, weil es aus mangelnder Einsicht keine Antwort geben kann. Traditionell religiöse Menschen halten die Frage für unerhört und der Heiligkeit Gottes unangemessen.

Dieser Beitrag soll untersuchen, ob und wie eine eigenartige Aussage Rudolf Steiners dazu geklärt werden kann. Bei einer Fragenbeantwortung vom 21.4.1909 heißt es: «Der Begriff der Entwicklung erstreckt sich über alle Welten; für die Gottheit aber ist er ein anderer» (GA 110).

Zur Gottesfrage

Die eine Quelle setzt ein bei dem Sich-Vorfinden des Menschen in der Welt. Wenn dieses ihm rätselhaft erscheint, er sich darüber wundert, mit dem unmittelbar Gegebenen nicht zufrieden ist, dann beginnt das Suchen und Fragen nach dem Verborgenen, von der Oberfläche zur Tiefe hin, vom Vordergrund zum Hintergrund. «Gott» ist zunächst ein Symbol, eine Chiffre für das Gesuchte oder Geahnte, den Mehrwert der Wirklichkeit über das unmittelbar Gegebene hinaus. In dieser Richtung weist auch der Satz des katholischen Theologen Karl Rahner: «Gott ist das Geheimnis der Welt.» Zunächst!

Eine andere Quelle ist die religiöse und theologische Tradition. Das Unbestimmte, das der Mensch mit seinen normalen Fähigkeiten ansteuert, wird durch das Bestimmte ergänzt, das der Religionsinhalt ihm anbietet oder gar vorschreibt. Aber das ist nun nach den Religionen verschieden, und es gilt, nach der besonderen vermittelnden Position der Religionsstifter, als Offenbarungswahrheit.

Die theologische Tradition

Die großen Theologen waren sich der Schwierigkeit, über Gott etwas auszusagen, bewusst. So hören wir bei Augustinus: «Nicht weil wir angemessen von Gott reden könnten, sondern damit darüber nicht überhaupt nur geschwiegen werden müsste.» Oder bei Thomas von Aquin: «Bei Aussagen über Gott ist die Unähnlichkeit der Aussage immer größer als die Ähnlichkeit.» Dass Gott niemals durch einen banalen Zugriff vereinnahmt werden kann, zeigt ein Ausspruch, der in modernen Theologenkreisen eine Zeit lang kursierte: «Einen Gott, den es gibt, gibt es nicht.»

Die offizielle klassische christliche Position behauptete unter antikem griechischem Einfluss die Unveränderlichkeit Gottes. Gott ist einer Entwicklung weder fähig noch bedürftig. Aber schon ein Blick in das Alte Testament lässt das in gewisser Weise fraglich erscheinen. In der Diskussion über die Bedeutung des Jahwe-Namens konnte neben dem «Ich bin, der ich bin» im Sinne des ewig gleichbleibenden Seienden «ich werde sein, der ich sein werde» übersetzt werden im Sinne eines Zukunft-

Offenen. Die hebräische Tradition kennt sogar eine gegenseitige Abhängigkeit von Gott und Mensch, ein Sich-Einlassen Gottes auf seine Abhängigkeit vom menschlichen Verhalten. Die jüdische Mystik kennt die Schechinah, die immanente Seite Gottes, die mit seinem Volke wandert und dessen Ergehen teilt.

Für die christliche Theologie, die das Neue Testament reflektiert, wird in der Christologie die Frage nach Veränderung und Entwicklung in Gott ganz aktuell. Indem nach der klassischen Vorstellung die göttliche Natur Christi die menschliche Natur annimmt und in der Auferstehung verwandelt und dadurch mit ihr vereinigt bleibt, ist eine ontologische Veränderung eingetreten, die nun soteriologisch auf die ganze weitere Menschheitsentwicklung ausstrahlt. Das Christus-Mysterium zeigt die Gottheit also entwicklungsfähig und nur dadurch auch die Menschheit weiter fördernd.

Wie man eschatologisch, also im Blick auf die Heilszukunft, über den nicht in sich selbst genügsamen, sondern veränderlichen, gar in Entwicklung sich befindenden und dies selbst wollenden Gott sprechen kann, zeigen einige moderne Theologen wie z.B.

- Wolfhart Pannenberg: «Gott vermag, die Zukunft seiner selbst und alles von ihm Verschiedenen zu sein. – Gott wird immer wieder neu Gott.»
- Jürgen Werbick: «Gott darf auch noch die Vollkommenheit zugesprochen werden, sich selbst zu übertreffen. Gott will ohne die Menschen nicht mehr Gott sein.»
- Eberhard Jüngel: «Gott ist auch als Seiender im Werden.»

Ontologisch-christologisch und auch eschatologisch wird also im Christentum von dem Motiv des werdenden Gottes gesprochen. Aber ein wichtiger «Ort» blieb stets ausgeblendet.

Das ist das kosmologische Problem, die Weltschöpfung – jedenfalls in essenzieller Hinsicht. Denn man lehrte und lehrt die Schöpfung aus dem Nichts, die creatio ex nihilo. Dass dem Schöpfer als Material, das nur zu gestalten wäre, nichts vorauslag, ist selbstverständlich. Aber es sollte auch aus der Gottheit selbst nichts substanziell in die Schöpfung übergehen. Das wäre Emanation; und die konnte man sich nur als naturhaft, unfrei, nach dem Modell von Quelle und Strom vorstellen. Es gibt aber eine Möglichkeit, das Weltwerden als freie Tat zu denken und diese doch zugleich substanziell mit der Schöpfung verbunden – die Schöpfung als Opfer, nicht ex nihilo, sondern ex sese. Insoweit mit der Schöpfung aus dem Nichts der freie, unerzwungene Entschluss der Gottheit ausgesagt werden soll – und nur so der Heiligkeit und Souveränität Gottes angemessen –, ist dieser Ausdruck nicht anzutasten. Er darf gar nicht fehlen. Insoweit aber die Verwirklichung des Entschlusses gemeint ist, bei der Gott substanziell «draußen bleibt», ist die creatio ex nihilo ein Ungedanke. Schöpfung und Evolution aus dem Hintergrund des Gottesopfers zeigen aber für Gott auch ein Werden an.

Innerhalb der akzeptierten Kulturwelt hat nur der jüdische Philosoph Hans Jonas eine solche Gottesentwicklung vertreten, freilich ganz einseitig. Denn Jonas denkt einen alten kabbalistischen Ansatz auf seine Weise: Gott habe sich ganz und gar in den Weltprozess verwandelt, mit ungewissem Ausgang; und der darin mit seinem Verantwortungsbewusstsein entstandene Mensch sei aufgerufen zur guten Fortsetzung und Vollendung des göttlichen Weltprozesses.

Es soll nicht unerwähnt bleiben, dass auch in älterer Zeit im christlichen Raum Theologen und Philosophen Gott als Werdenden betrachtet haben, immer am Rande der Ketzerei in den

Augen der «rechtgläubigen» Autoritäten stehend. Man denke etwa an Johannes Scotus Eriugena, Jakob Böhme oder Schelling.

Die Anthroposophie Rudolf Steiners

Die Geistesforschung Steiners behandelt die eigentliche Gottesfrage sehr zurückhaltend. Ihr Forschungsweg wird in Steiners Buch *Die Mystik im Aufgange des neuzeitlichen Geisteslebens und ihr Verhältnis zur modernen Weltanschauung* schon 1901 angedeutet als «Entwicklung der tiefsten eigenen Kräfte des Menschen. Vertrauen in die Welt muss der eine Führer auf diesem Wege sein. Mut, diesem Vertrauen zu folgen, gleichviel wohin es führt, muss der andere sein» (Kapitel über Nikolaus von Kues und Nachtrag III). Ausgangspunkt und Ergebnisoffenheit charakterisieren ihn in seinem Unterschied zu den religiösen Traditionen, wobei allerdings die «tiefsten eigenen Kräfte des Menschen» nicht schon die sind, die er in seinem alltäglichen Zustand kennt. Auch sind diese so aufzufassen, dass sie auf verborgene Weise aus dem Christusopfer gespeist werden.

Im Vorwort zu seiner *Theosophie* 1904 sagt Steiner: «Wer in diesem Buch nach den ‹allerletzten› Wahrheiten sucht, wird es vielleicht unbefriedigt aus der Hand legen. Es sollten eben aus dem Gesamtgebiete der Geisteswissenschaft zunächst die Grundwahrheiten gegeben werden. Es liegt ja gewiss in der Natur des Menschen, gleich nach Anfang und Ende der Welt, nach dem Zwecke des Daseins und nach der Wesenheit Gottes zu fragen. Wer aber nicht Worte und Begriffe für den Verstand, sondern wirkliche Erkenntnisse für das Leben im Sinne hat, der weiß, dass er in einer Schrift, die vom Anfange der Geist-

Erkenntnis handelt, nicht Dinge sagen darf, die den höheren Stufen der Weisheit angehören. Es wird ja durch das Verständnis dieses Anfanges erst klar, wie höhere Fragen gestellt werden sollen.»

Für die Religion, die nicht primär Erkenntnis, sondern Lebensnahrung für die Seelen anregen soll, gilt selbstverständlich und berechtigt etwas anderes. Da darf das Höchste von vornherein anklingen und weiterströmen, zumal wenn kein Glaubenszwang damit verbunden wird.

Seiner Schülerin und Mitarbeiterin Edith Maryon widmet Rudolf Steiner ihrem Exemplar der Neuauflage von *Goethes Weltanschauung* 1918 den Spruch:

> Du willst ‹Gott› denken:
> So spricht Goethes Seele;
> Du stürzest mit diesem Wollen
> Dich in Widerspruch und Zweifel.
> Du sollst ‹göttlich› denken;
> Und ‹Gott› wirket in Dir:
> So ahnte Goethe als Lösung
> Des Gottesrätsels
> Und so muss zur Lösung
> Denken Geisteswissenschaft.

Zu der ersten Quelle im Hinblick auf die Gottesfrage, durch die «das Geheimnis der Welt» zunächst nur pauschal geahnt wird, und zu der zweiten Quelle, die zwar bestimmtere Inhalte liefern kann, aber nur im Anschluss an die religiös-theologischen Traditionen, kommt nun eine dritte hinzu, die «tiefsten eigenen Kräfte des Menschen», die nach und nach erweckt werden und dadurch dem Gottesrätsel im Sinne des obigen Spruches sich annähern können.

Eine erste Stufe dabei nehmen die philosophischen Schriften Steiners, das sogenannte Frühwerk, ein – repräsentiert durch seine *Philosophie der Freiheit:* Die gegebene Welt ist rätselhaft und undurchsichtig. Sie kann ergänzt und durchdrungen werden mit dem Ideellen, das zunächst nicht an ihr selbst mitgegeben erscheint, sondern tätig vom Menschen hervorgebracht werden muss. Es gehört aber zusammen mit dem passiv Erfahrenen, ist nur der produktiven Form nach eine Zutat, dem Inhalt nach der Kern der Erscheinungen, der ohne seine geistige Tätigkeit dem Menschen verborgen bliebe. Nicht schon die vorgegebene Welt, sondern erst das entstehende Ganze ist die Wirklichkeit.

Im letzten Kapitel lesen wir: «Das mit dem Gedankeninhalt erfüllte Leben in der Wirklichkeit ist zugleich das Leben in Gott.» In der Urauflage des Buches folgte nun der Satz: «Die Welt ist Gott.» Er ist in der Neuauflage gestrichen; und so werden wir bewahrt vor einem allzu platten Verständnis, das darin bestehen könnte, die Welt ohne ihr Geheimnis als bloß vorliegende, mit der wir etwa zufrieden wären, für Gott zu halten. Die bloß gegebene Welt ist aber Maya, nicht die Wirklichkeit.

Einer der wenigen, die in Weimar «begeistert einsahen, wie man im Geiste lebt, wenn man in reinen Ideen lebt», war Max Christlieb, ein Theologe, der gerade sein Doktorexamen machte. In *Mein Lebensgang* fährt Steiner im Anschluss an Christliebs Anteilnahme fort und fügt etwas an, was uns eine weitere Stufe des Erkenntnisweges aufzeigt: «Es war Verständnis für das Geistsein des Ideellen. Da lebt der Geist allerdings so, dass aus dem Meere des allgemeinen ideellen Geist-Seins noch nicht empfindende, schaffende Geist-Individualitäten sich für den wahrnehmenden Blick loslösen. Von diesen Geist-Individualitäten konnte ich ja zu Max Christlieb noch nicht sprechen. Das hätte seinem schönen Idealismus zu viel zugemutet.»

Das hat Steiner aber dann, aus geschichtlichen Notwendigkeiten heraus als für eine gedeihliche Zukunft unumgänglich, den Menschen zugemutet – die Darstellung der übersinnlichen Welt in seinem über das Sein der Ideen hinausgehenden Wesensinhalt, in den verschiedensten Aspekten, einschließlich der Erkenntnismethoden. So nähern wir uns den göttlich-geistigen Hierarchien. Der übersinnliche Hintergrund des Weltprozesses bekommt jetzt etwas Antlitzhaftes – aber zunächst im Plural. Die theologische Tradition kennt so etwas in ihrer Weise als Engellehre aus dem Altertum her, aber von nur geringem Zusammenhang mit dem Kosmos. Die heidnischen Religionen enthalten diese Sphäre in ihren reichen und plastischen Götterlehren, aber für ein heutiges Bewusstsein wird die mythologische Bildersprache kaum durchschaubar. Diese Hierarchien sind im eigentlichen Sinne noch nicht «Gott»; sie können aber als die Wesensglieder Gottes bezeichnet werden (so im Beginn des Offertoriums in der Menschenweihehandlung der Christengemeinschaft).

Mit den Hierarchien kommt der Mensch zwischen seinen wiederholten Erdenleben in intensive bewusste Verbindung. Nur so kann er Vergangenes verarbeiten und Zukünftiges vorbereiten. Die Hierarchien ihrerseits tragen schöpferisch den Weltprozess. Aber auch sie bedürfen einer noch höheren schöpferischen Anregung und eines Kräftezuflusses. Das geschieht vor allem in den Ruhepausen zwischen den Weltperioden, in denen sie ihr vergangenes kosmisches Wirken verarbeiten und sich für ihr zukünftiges vorbereiten. So machen die Hierarchien selber eine Evolution durch. Aus der Sphäre der göttlichen Wesenheit selbst stammen die Ziele für den Weltprozess, welche die Hierarchien dann in unterschiedlichster Differenzierung verwirklichen. Die Früchte der Arbeit der Hierarchien im Durchgang durch den Weltprozess werden in die Gottheit aufgenommen.

Monotheismus – Polytheismus – Pantheismus

Im Vortrag vom 16.11.1919 (GA 255b), in dem sich Steiner mit Gegnern der Anthroposophie auseinandersetzt, sagt er: «Am meisten interessiert natürlich den evangelischen Theologen, wie ich es gehalten habe mit dem Gottesbegriff in der Zeit, in der meine philosophischen Schriften geschrieben worden sind ... Ich hatte niemals Veranlassung in den Zeiten, in denen meine ‹Philosophie der Freiheit› und auch das Frühere und einiges Spätere entstanden ist, in irgendeiner Weise auf die theologische Frage nach Gott und der Welt einzugehen.»

Nehmen wir den letzten Satz ernst, dann ist die «theologische Frage nach Gott» etwas anderes, als es die Repräsentation Gottes in den Ideen und den Hierarchien schon enthält – die Ideen, weil sie noch nicht das Antlitzhaft-Wesenhafte offenbaren; die Hierarchien, weil sie zwar die Wesensglieder Gottes, aber im Plural bestehend noch nicht der eine – wenn auch dreieinige – letzte göttliche Grund sind.

Die Scheu in dieser Annäherung wird manchmal in älteren Vorträgen besonders betont, einmal weisheitsvolle Bescheidenheit genannt:

«Nur diejenigen, welche auf dem höchsten Gipfel menschlicher Entwicklung angelangt sind, werden einmal sehen können, dass sie vielleicht eine Ahnung haben von dem Umfang jenes Begriffes, den wir heute andeutungsweise besprechen wollen (dem Gottesbegriff) ... Deshalb müssen wir den Gottesbegriff in eine unendliche Perspektive rücken, ihn als ein lebendiges Leben in uns tragen» (GA 52, 7.11.1903).

«Man spricht von Theosophie nicht deshalb, weil der Gegenstand der Forschung Gott ist; denn Gott ist etwas, was erst am Ende der Dinge, auf dem Gipfel der Vollkommenheit dem Okkultisten offenbar werden könnte» (GA 52, 28.4.1904).

Die erste Stufe, sich auf dem Erkenntnisweg dem Göttlichen zu nähern, nach dem pauschal-unbestimmten «Geheimnis der Welt», bringt die real ideendurchdrungene Wirklichkeit. Man könnte sie die pantheistische nennen. Die zweite Stufe, auf der die Hierarchien, die Götter, erscheinen, hat eine gewisse Entsprechung – nach Abzug des Mythologischen – im Polytheismus. Die dritte Stufe eröffnet die Perspektive nach dem wahren Monotheismus, der noch etwas anderes ist als die oftmals allzu begrenzten verbalen Behauptungen seiner Vertreter.

Darf man sagen, dass die Anthroposophie letzten Endes zu einem inklusiven Monotheismus aufblickt, der als Wahrheiten untergeordneten Ranges zugleich Polytheismus und Pantheismus nicht aus-, sondern einschließt?

So hat Steiner sich zum Beispiel immer vom landläufigen Pantheismus abgegrenzt, weil er undifferenziert-verwaschen ist. Ludwig Kleeberg aber bezeugt eine Fragenbeantwortung Steiners 1906 in seinem autobiographischen Erinnerungsbuch *Wege und Worte:* «Der Pantheismus ist die Theosophie der Bequemlinge ... Er ist wahr, aber unklar.»

Der «andere» Begriff der Entwicklung

Geschöpfe werden entwickelt oder erhalten die Möglichkeit, sich selber zu entwickeln. Sie können aus kleinen Keimen vollkommener werden. Auch die Hierarchien, die «Götter», unterliegen einer Entwicklung. Sie sind ursprünglich Geschöpfe, auch wenn sie zu Schöpfern durch Anleitung der Gottheit aufsteigen. «Gott» war niemals ein Geschöpf – das ist natürlich der fundamentale Unterschied, ohne den zu beachten man das anthroposophische Reden von Göttern nur missverstehen kann.

Der andere Begriff von Entwicklung besteht darin, dass Gott nicht wie ein bedürftiges Einzelwesen etwas ansetzt, sondern etwas aufgibt, gleichsam opfernd in die entgegengesetzte Richtung geht und so erst ein eigenes Dasein für anderes, aber aus ihm Geschöpftes ermöglicht. Ein ähnliches Motiv ist bei dem Kabbalisten Isaak Luria (16. Jahrhundert) deutlich ausgestaltet, altes Mysterienwissen erneuernd. Eine rein philosophische Annäherung ergibt sich aus der Frage: Kann im absoluten Sinne überhaupt etwas außerhalb Gottes gedacht werden? Welche Konsequenzen hat das für den Schöpfungsgedanken? Das Credo der Christengemeinschaft spricht von dem «Gotteswesen, das väterlich seinen Geschöpfen vorangeht». Gott entwickelt sich, indem er anderes entwickelt. Das Gotteswesen ist eines, aber es hat einen unendlichen Inhalt, den es partiell im Weltprozess zur Selbstständigkeit in immer intimeren Abstufungen entwickelt. Seine Intention ist die Liebe, die zur Vervielfältigung seines Wesensinhaltes führt – wie Novalis in seinen Fragmenten sagt: «Gott will Götter.» Dabei löst Gott sich nicht in die Götter auf, sondern bleibt der Eine hinter und in den Göttern und durch sie hindurch.

Noch nicht ausgeführt, aber vorsichtig angedeutet hat Rudolf Steiner solches doch schon in seinen frühen philosophischen Schriften, jedenfalls nach seinem Selbstzeugnis:

«So habe ich durch die Goetheschriften, ich möchte sagen, hindurchschimmern lassen, dass es nötig ist, wenn man von der Betrachtung der Welt zu der Betrachtung des Göttlich-Geistigen aufsteigt, eine Modifikation des Begriffes der Liebe vorzunehmen. Ich habe schon in den Goetheschriften angedeutet, dass die Gottheit so vorzustellen ist, dass sie in unendlicher Liebe in das Dasein ausgeflossen ist und in jedem einzelnen Wesen nun gesucht werden müsse, was etwas ganz anderes gibt als einen verschwommenen Pantheismus» (GA 258, 17.6.1923).

Innerhalb der Gottesentwicklung, die schon in dem Opfer der kosmologischen Umstülpung in den Weltprozess gesehen werden kann – natürlich nur partiell, denn «dabei bleibt das Geistige auch während der stofflichen Entwicklungsperiode das eigentlich leitende und führende Prinzip» (*Die Geheimwissenschaft im Umriss*, Kapitel «Die Weltentwickelung und der Mensch») –, vollzieht sich ein besonderes einzigartiges Entwicklungsmoment durch das Christus-Opfer. Dieses führt zu einer weiteren Umstülpung von außen nach innen; es ermöglicht den Menschen als werdende zehnte Hierarchie einen bislang in der Evolution noch nicht dagewesenen Freiheitsgrad im Sinne einer gotterfüllten oder göttlich qualifizierten Autonomie; es macht die Menschheit, soweit sie es aufgreift, zur allmählichen Mitträgerin der Gottesentwicklung. Das hat Christian Morgenstern in einem seiner Gedichte gegen Ende so zu formulieren gewagt: «... schafft, sein Selbst Durchchrister, Neugottesgrund ...» («Wir fanden einen Pfad»).

Es sei noch angedeutet, dass nur die Anschauung von der trinitarisch gegliederten einen Gottheit eine Gottesentwicklung im Zusammenhang mit dem Weltprozess recht verständlich machen kann. Denn sie enthält, gleichsam chiffriert, wie der schaffende Logos aus dem Urgrund heraus zu den im Geiste aufleuchtenden Zielen hin den Weltprozess gestaltet und ausgereift in sich wieder einbringt. Das Moment, dass in Gott gerade der «Sohn» auf das Werden hinweist, spiegelt sich auch in dem Filioque-Streit, indem der Westen – zunächst nur theologisch – keimhaft eine Evolutionsperspektive anregt.

Zwei Zitate mögen am Schluss die Gesinnung berühren, an der wir uns wenigstens versuchsweise orientieren sollten, wenn wir uns mit der Gottesfrage befassen. Sie können für Ost und West sprechen.

Ein indischer Weiser mit seiner originellen Definition von Atheismus:

«Von Gott zu reden, ohne aus Gott zu reden – das ist Atheismus.»

Der Philosoph und Anthroposoph Herbert Witzenmann:

«Gott ist unermesslich zugänglich
Und bleibt unermesslich überragend.»

Manfred Krüger

Wiederverkörperung als christliche Entwicklungsidee

Das Thema enthält zwei Thesen:
1. Wiederverkörperung kann christlich gedacht werden.
2. Wiederverkörperung ermöglicht Entwicklung im Ichwesen.

Beides hat zuerst Origenes gedacht, im dritten Jahrhundert.[1]

Origenes wurde aber verketzert und wirkte über viele Jahrhunderte fast nur im Untergrund. Deshalb ist es nicht falsch zu sagen: Die Entwicklungsidee entstand im 18. Jahrhundert mit Lessing und anderen, aufgrund des Ichdenkens von René Descartes im 17. Jahrhundert.

Lessing sagte: Der einzelne Mensch entwickelt sich. Die Menschheit entwickelt sich auch. Der einzelne Mensch ist Teil der Menschheit. Wenn er an der Gesamtentwicklung teilhaben soll, muss er durch wiederholte Erdenleben gehen.

Bei Lessing ist der Gedanke der Wiederverkörperung also Folge des Entwicklungsgedankens.

Bei Origenes ist der Gedanke der Wiederverkörperung Folge des Denkens der Auferstehung, wie sie zuerst von Paulus gedacht wurde.

Paulus hat Auferstehung denkbar gemacht. Origenes hat gefolgert: Auferstehung ist in Vollkommenheit am Ende der Evolution. Aber das Auferstehungsleben hat auf Golgatha begonnen. Der Weg von der Gegenwart bis zum Ende ist nur als

1 Vgl. Manfred Krüger: *Ichgeburt. Origenes und die Entstehung der christlichen Idee der Wiederverkörperung in der Denkbewegung von Pythagoras bis Lessing*. Hildesheim 1996.

Entwicklung denkbar und diese nur durch wiederholte Erdenleben, womit er Lessings Ansatz vorwegnahm.

Origenes war Platoniker und Platon war Pythagoreer.

Pythagoras

Empedokles (ca. 483/482–423) sagt von Pythagoras: «Wenn er seine Geisteskraft anspannte, überblickte er mühelos bis in Einzelheiten seine zehn oder zwanzig Menschenleben.»[2] Das heißt: Pythagoras lehrte aus eigener Erfahrung. Eines seiner Erdenleben war die Inkarnation als Euphorbos, von dem Homer in der Ilias berichtet. Euphorbos war ein trojanischer Held, der den Griechen Patroklos getötet hat und selbst von der Hand des Menelaos fiel. Pythagoras war aber wohl mehr als ein Mensch. Die Pythagoreer sahen in ihm einen Gott.

Pythagoras war nach der Auffassung der Pythagoreer Mensch und Gott zugleich.

Zudem hat Aristoteles von den Pythagoreern den Satz überliefert: «Vernunftbegabte Wesen sind drei: Gott, Mensch und die Art von Pythagoras.»[3] «Die Art von Pythagoras» ist weder Gott noch Mensch, aber beides zugleich: ein gotterfüllter Mensch. Pythagoras hatte eine menschliche Seele, aber einen göttlichen Geist. Sein Geist war noch nicht individualisiert. Seine geistigen Leistungen sind weniger ihm als Apollon zuzuschreiben, der sich in seinem Geist offenbarte, der durch ihn wirkte.

Die Frage nach Seelenwanderung und Wiederverkörperung

2 H. Diels: *Die Fragmente der Vorsokratiker*, Band 2, Fr. 129.

3 Ebd.

des Pythagoras erhält im Blick auf Apollon eine überraschende Vertiefung durch die Gestalt des Euphorbos in der *Ilias*. Apollon selbst wirkte in ihm. Hektor glaubt, Patroklos besiegt zu haben. Der Sterbende aber sagt zu ihm: «Die mörderische Moira und Lethos Sohn haben mich getötet, von den Männern aber Euphorbos: Du bist nur der dritte.»[4]

Hektor kann nur der Dritte sein, wenn Apollon, der Sohn der Letho, und Euphorbos als eine Wesenheit angesehen werden. Davon aber war Pythagoras überzeugt: in seine Seele ragte der Geist Apollons. Schon sein Name wurde gewählt, um die enge Beziehung zu Apollon Pythios zum Ausdruck zu bringen. Apollon war anwesend bei seiner Geburt. Die Eingeweihten sahen in ihm Apollon selbst.

Wenn also Pythagoras sagte, er sei in einem früheren Erdenleben Euphorbos gewesen, so deutet dieser Hinweis nicht auf Seelenwanderung im üblichen Sinne. Es ist weniger Seelenidentität als Geistidentität gemeint, wobei der Geist nicht als individuelles Ich, sondern als Gott gedacht wird, als Apollon. Genau genommen ist also von einer Re-Inkorporation Apollons die Rede. Die menschliche Seele spielt dabei eine zumindest untergeordnete Rolle. Es handelt sich nicht um Seelenwanderung, sondern um Götterwanderung.

Die «Art von Pythagoras» wurde zum Vorbild Platons.

Platon

Für Platon dient die Seelenwanderung als einführender Beweis für seine Lehre von der Wiedererinnerung, die er in seinem Dia-

4 Vgl. K. Kerényi: *Pythagors und Orpheus*. Zürich [3]1950, S. 19.

log *Menon* entwickelt. Er beruft sich auf eine alte Sage, die von bedeutenden Priestern und Priesterinnen herrührt, aber auch von Pindar und anderen Dichtern bestätigt wird. «So viele ihrer des Gottes voll» sind: «sie sagen nämlich, die Seele des Menschen sei unsterblich und abwechselnd scheide sie ab, was man dann Sterben nennt, und leben dann wieder auf, zugrunde aber gehe sie niemals. Darum müsse man ein möglichst gottgefälliges Leben führen ...» Und weil «die Seele unsterblich und oft wiedererstanden ist und was hier auf Erden und was im Hades ist, kurz alle Dinge geschaut hat, gibt es nichts, was ihr unbekannt wäre».[5]

Jeder Mensch war vor der Geburt allwissend. Durch den Geburtsvorgang wird die Seele in einen materiellen Leib eingekerkert. Dabei büßt sie ihr Wissen ein. Wenn der Mensch dann wieder mühsam lernt, was er einst wusste, heißt Lernen: Sich-wieder-erinnern. Und die Erinnerung wird umso deutlicher, je mehr es der Seele gelingt, wieder unabhängig zu werden vom Leibe, der die Sicht behindert. Entwicklung ist dies nicht.

Im Dialog *Gorgias* erzählt Sokrates die Geschichte von der Erwählung der Totenrichter. Ursprünglich wurden Lebende von Lebenden gerichtet, am Tage, da sie sterben sollten. Und die Menschen wussten auch ihren Todestag.

Je tiefer aber die Seelen in ihre Leibeshüllen eintauchten, desto ungerechter fielen die Urteile aus. Ursprünglich waren die Menschen innerlich nicht anders, als sie sich nach außen zeigten. Dann trat eine Differenz zwischen Seele und Leib ein. Schlechte Seelen erschienen in schönen Leibern vor ihrem Richter, der durch seine eigene Hüllennatur damit einer doppelten Irrtumsmöglichkeit ausgesetzt war.

5 Platon: *Menon*, 81. Übers. v. Otto Apelt. Hamburg 1988, S. 38 f.

Der Praxis der Verstellung machten die Götter ein Ende durch Bestellung der Totenrichter. Die Seelen verloren ihr Wissen um den Todestag und wurden jetzt nach dem Tode gerichtet – und von Toten. Der platonische Sokrates interpretiert: «Alles liegt klar zutage an der Seele, wenn sie des Körpers entledigt ist, sowohl ihre natürliche Beschaffenheit wie auch die Eigentümlichkeiten, die der Mensch durch seine jeweiligen Beschäftigungen der Seele eingepflanzt hat. Wenn sie nun vor den Richter kommen, und zwar die aus Asien vor den Rhadamanthys, da hält Rhadamanthys sie an und beschaut eines jeden Seele, ohne zu wissen, wessen sie ist; ja oft kommt es vor, dass er es mit dem Großkönig zu tun hat oder mit irgendeinem anderen König oder Machthaber, und er sieht nichts Gesundes an der Seele ...»[6] Ohne Ansehen der Person schickt der Totenrichter die Schurken in den Tartaros und die Philosophen ins Elysium. Denn er weiß vom Verstorbenen nichts, weder wer er ist noch welcher Herkunft, «sondern nur das eine, dass er ein Schurke ist» – oder ein Philosoph. Das bedeutet: Die Seele hat keine geistige Individualität. Sie ist nur schlecht oder gut und kommt an den entsprechenden Ort zur Läuterung. Läuterung ist nicht Entwicklung.

Werden die Leibeshüllen abgelegt, herrscht Seelenkausalität. *Wer* eigentlich böse oder gut ist, kann nicht gesagt werden. Auch die Seele selbst *erinnert sich nicht an ihre irdische Persönlichkeit.*[7] Mit dem Körper ist auch die Persönlichkeit

6 Platon: *Gorgias*, 524. Übers. Apelt. Leipzig 1922, S. 161.

7 Vgl. Franz Dirlmeier: «Es steht völlig außerhalb jeder Möglichkeit platonischen Denkens, zu fragen, ob denn die Seele nach ihrer Rückkehr in die wahre Heimat noch irgendeine Erinnerung bewahrt an das Leben auf der Erde.» (Aristoteles, 1950, erneut in: *Aristoteles in der neueren Forschung*, ed. P. Moraux. Darmstadt 1968, S. 151).

dahingeschwunden und damit die Möglichkeit der Entwicklung.

Darum gibt es auch keine Antwort auf die Frage, *wer* eigentlich wiedergeboren wird. Es gibt nur ein abstraktes Schicksalsgesetz: Die böse Tat fordert Strafe, sowohl nach dem Tode wie in einem neuen Erdenleben, und *da die Seele keine geistige Individualität besitzt, kann sie auch tierische Formen annehmen*.

Den Anfang bildet jedoch die Menschenform. Reinkarnation bedeutet zunächst Abstieg: Sündenfall. Platon lehrt die Seelenumwendung als Voraussetzung zum Wiederaufstieg. Wiederaufstieg ist – genau genommen – noch keine Entwicklung.

Die Seele ist bei Platon noch nicht vom Ich begrenzt. Darum kennt er fließende Übergänge: nicht nur nach «oben», in den Bereich der Götter, sondern auch nach «unten», ins Reich der Tiere. Und da die Seele in der alten Zeit mit der Lebenskraftgestalt zusammen geschaut wurde, gab es auch Seelenwanderung durch die Planzenwelt. Die philosophische Neigung zum Geist findet volle Befriedigung, wenn der Körper abgelegt ist.

Insofern ist auch der Philosophenseele in platonischer Sicht die menschliche Leibesform offenbar nicht wesentlich: Der Philosoph lässt den Leib hinter sich. Er nähert sich Gott – im Leben wie nach dem Tode. Der wahre Mensch ist der wahre Gott.

Der wahre Gott musste erst Mensch werden, um der Idee der Wiederverkörperung auch für Philosophen einen positiven Sinn zu verleihen.

Für Platon kann es sich nur darum handeln – wie in allem vorchristlichen Reinkarnationsdenken –, das Rad der Wiedergeburt möglichst rasch zum Stillstand zu bringen.

Zur Ich-Geburt führt weder die Seelenwanderung noch die Annäherung an Gott. Die Geburt des Ich und seine Entwicklung erfolgt durch Reinkarnation des individualisierten Geistes.

Dazu musste aber erst Gott Mensch werden. Mit dem Ereignis von Golgatha wird alles anders. Seitdem gibt es Entwicklung im Ich.

Vorher gibt es Seelenwanderung. Nachher gibt es Entwicklung im Ich durch Reinkarnation: die christliche Idee der Wiederverkörperung, die Origenes begründet hat. Er hat sie begründet im Denken des dreieinigen Gottes. Gott ist einer – aber in drei Personen zu denken.

Origenes

Origenes war ein reiner Mensch und unbeugsam. Darum nannte man ihn Adamantios: der Diamantene oder der Stählerne. Er wurde um 185 in Alexandria geboren, im Kulturzentrum der damaligen Welt.

Origenes war der produktivste Autor der frühen Christenheit. Er hatte Schnellschreiber zur Verfügung, die seine Vorträge mitschrieben, ähnlich wie bei Rudolf Steiner. Überliefert ist sogar die gleiche Zahl: Er soll 6000 Vorträge gehalten oder entsprechende Schriftrollen verfasst haben.

In seiner Schule in Cäsarea kommentierte er in einem Dreijahreszyklus die gesamte Bibel. Er wandte sich an mitdenkende Hörer, die er zum «erkennenden Schauen» führen wollte. Über Jeremia sagte er, was er selbst erlebt haben mag: Er wird «verfolgt von denen, die er zurechtweist, und gehasst von denen, die die Wahrheit nicht fassen können: Denn er wurde zum

Gegner der Zuhörer, weil er die Wahrheit sagte.» An anderer Stelle betont er: «Wir benötigen Zuhörer mit der Fähigkeit straffen Denkens.»

Im Jahre 250 wurde Adamantius im Zuge einer reichsumfassenden Christenverfolgung schwerer Folter unterworfen. An den Folgen starb er vier Jahre später. Er stand wohl im siebzigsten Lebensjahr.

Trinität

Die göttliche Trinität ist für Origenes Anfang, Weg und Ende. Wenn wir nicht Vater, Sohn und Heiligen Geist als drei Quellen erdürsten, «werden wir keine einzige Wasserquelle finden»,[8] sagt er. Und wie er den Einen Gott dreigliedrig denkt, so auch sein Abbild, den Menschen, und dementsprechend die menschliche Gemeinschaft.

Der Mensch besteht aus Leib, Seele und Geist.[9] «Der Apostel», heißt es im Römerbrief-Kommentar, dient Gott weder «im Leib noch in der Seele, sondern im besten Teil seiner selbst, das heißt im Geist. Zwischen Gott und sein Abbild denkt Origenes den Christus als das Urbild.

Christus ist das Urbild, nach dem der Mensch geschaffen wurde. Darum kann das Abbild auch nur, wenn es den Geist erfasst, über die Sohneskraft des Christus zum Vater zurückfinden.

Origenes denkt Gott als drei Hypostasen im Sinne von selbstständig subsistierenden Wesenheiten oder «Personen».

8 *Origenes: Die griechisch erhaltenen Jeremiahomilien*, hrsg. von Erwin Schadel. Stuttgart 1980, S. 203 (18,9).

9 De Princ. IV, 2,4.

Er denkt den Vater-Gott als das Sein, das reine Sein. Er ist der Grund und Ursprung von allem.

Den Sohn bestimmt er als den Logos oder die Weisheit. Der Logos dringt nur bis zu den rationalen Wesenheiten durch und verleiht den Menschen die Unterscheidung von Gut und Böse.

Der Heilige Geist erfüllt nur die Heiligen. Er setzt also die persönliche Entscheidung für das Gute voraus, die aber jederzeit in jedem Menschen erfolgen kann. Die Heiligung erfolgt dann stufenweise.

Aber die drei Personen sind als eins zu denken.

Darum sagt Origenes nicht nur vom Sohn, sondern auch vom Heiligen Geist: Es gab keine Zeit, in der er nicht war, und: nichts in der Trinität kann größer und kleiner genannt werden, und: ohne den Heiligen Geist kommt der Mensch nicht zum Sohn und zum Vater. Die Drei sind Eins.

Der einzelne Mensch kann sich im Willen umwenden: Dann kommt ihm Gott entgegen.[10]

Vater, Sohn und Heiliger Geist sind ursprünglich wesensgleich, in ihrer Wirkensweise aber verschieden.[11]

Origenes ist sich der geistesgeschichtlichen Wende bewusst, die der Geist bewirkt, insofern er christlich gedacht wird. Zwar betont er die grundsätzliche Gleichheit innerhalb der Trinität: umso deutlicher treten dabei die Unterschiede hervor – Gleich-

10 Hom. in Jer. 18,9. – Vgl. auch Johannesfr. XI: «Von den Tugenden haben wir ein Stück von Haus aus und aus unserem Selbst, was wir durch zielbewusstes Streben erwerben, das andere aus Gott.» (E. Früchtel, Zur Interpretation der Freiheitsproblematik im Johanneskommentar des Origenes. In: ZfRG, XXVI, 1974, S. 317, Anm. 42.).

11 Vgl. Görgemanns/Karpp, a.a.O., S. 179, Anm. 24. – W. Marcus: *Der Sub-ordinationismus*, München 1963.

rangigkeit im Wesen und Ursprung, Subordination unter dem Gesichtspunkt der Evolution.

Schon immer haben die Weisen von Gott gesprochen als von dem «Vater des Alls». Wenige von den neueren Philosophen, meint Origenes, kommen auch noch zum Begriff des Sohnes, wenigstens annäherungsweise. Er nennt keine Namen, denkt aber vielleicht an den Logos-Begriff bei Heraklit und in der Stoa. Und dann betont er:

«Von dem Dasein des Heiligen Geistes aber konnte niemand auch nur eine Ahnung haben, außer denen, die mit dem Gesetz und den Propheten vertraut sind, und denen, die sich zum Christusglauben bekennen.»[12]

Vater und Sohn konnten auch die vorchristlichen Philosophen denken. Der Heilige Geist, als drittes Glied der Dreieinigkeit, ist nur aus dem realen Bezug zum Ereignis von Golgatha zu denken. Das betont im dreizehnten Jahrhundert auch Thomas von Aquin. Er sagt es von den Platonikern: Sie «versagten ... beim dritten Zeichen, nämlich bei der Erkenntnis der dritten Person».[13] Sie kannten die Macht des Vaters und im Logos die Weisheit des Sohnes. «Die Gutheit aber, die dem Heiligen Geist zugeschrieben wird, bezieht sich vor allem auf seine Wirkungen, die die Platoniker noch nicht kannten.»[14] Die Wirkungen setzten zu Pfingsten ein. Davon konnten die Platoniker keine Wahrnehmung haben.

Die vorchristlichen Philosophen hatten selbstverständlich einen Geistbegriff (nus). Es ist also zu fragen: Worin besteht das

12 De princ. I, 3,1.

13 *Thomas von Aquin: De trinitate I, 4. Über die Trinität*, hrsg. v. Wolf-Ulrich Klünker, Stuttgart 1988, S. 70.

14 Ebd.

Neue im christlichen Geistverständnis? Oder: Wie ist die Bewegung vom Geist (nus) zum Heiligen Geist (pneuma hagion) zu denken? Hierzu hat Origenes eine Wendung nach innen vollzogen, die später bei Augustinus noch deutlicher hervortritt. Das Denken des Heiligen Geistes setzt den individualisierten Geist in der Seele voraus. Platon und Aristoteles konnten den Geist nur allgemein denken. Das Bild der feurigen Zungen zu Pfingsten deutet seine Individualisierung im Menschen an.

Die vom Heiligen Geist erfüllte Seele wird den Christus in sich zur Geburt bringen, der als das wahre Menschen-Ich den Weg zum Vater weist. Das ist eine Grundeinsicht christlicher Mystik: Geburt und Wachsen des Christus in der Seele als höhere Ich-Geburt des Menschen.

Das niedere Ich bekam der Mensch durch das Wirken der Schlange. Das künftige, höhere Ich wird ihm durch das Wirken des Christus zuteil, wenn der Mensch dem Geist in der Seele folgt.

Origenes spricht noch nicht so deutlich wie Augustinus vom *Ich*; es ist aber in seinem dreifachen Geistbegriff enthalten. Er unterscheidet: Pneuma, Nus, Hegemonikón. Nus ist der Menschengeist, der in der Seele als Verstand wirkt. Durch sein Pneuma ist der Menschengeist mit dem Heiligen Geist verbunden.[15] Im Hegemonikón wird das Pneuma durch das Wirken des Logos-Christós zum Ich individualisiert.

Im Hegemonikón gründet die Möglichkeit der Ich-Entwicklung.

15 Dazu: Jacques Dupuis: *L'Esprit de l'homme*, 1967.

Das Hegemonikón

Als Hegemonikón wurde in der Stoa das Zentralorgan der Seele bezeichnet. Es ist das führende Prinzip in der Seele des Menschen und zugleich in der Weltseele. Es ist zwar Geist, aber vom allgemeinen Geist deutlich unterschieden. Mithilfe des Logos bildet sich im Hegemonikón das «Ich».

Im Lateinischen wird der Begriff Hegemonikón mit «principale cordis» oder «principale animae» wiedergegeben. Es ist die Führungskraft in der Herzensmitte, des Menschen Innerstes, als erkennendes Wesen, durch das wir Anteil an Gott gewinnen, also zugleich Führungskraft und Erkenntnisorgan, Tätigkeitsquell und Organ geistiger Schau.

Origenes betont immer wieder, dass das Hegemonikón seinen Sitz im Herzen hat: «In der Mitte des Leibes ist das Herz, und im Herzen ist das Hegemonikón. Überlege nun, ob das Wort ‹mitten unter euch ist getreten, den ihr nicht kennt› (Johannes 1, 25) nicht auf den Logos bezogen werden kann, der in jedem Menschen ist.»[16]

Wenn Origenes das Hegemonikón mit dem Logos zusammenbringt, dann ist dieser jedenfalls nicht die gewöhnliche Geisteskraft, die als Denken im Haupt ihren Sitz hat. Es ist der «innerseelische Logos», der als Herzorgan eine höhere Denkerfahrung im Sinne geistiger Schau ermöglicht.

Origenes nennt das Hegemonikón auch «das Innere der Hüllen, wo das Unzugängliche verwahrt ist». Obwohl der Logos-Christus in alle Menschen einziehen kann, ist er doch im Einzelnen ganz «unzugänglich». Er ist allgemein und zugleich auch Stifter der geistigen Individualität: Nicht der allgemeine

16 *Origène: Commentaire sur Saint Jean*, ed. Cécile Blanc. Paris 1966 ff. I, S. 354.

Geist, sondern der im Hegemonikón individualisierte Geist findet über den Christus zum Vatergott zurück, von dem er immerwährend ausgeht.

Nur so wird verständlich, dass Origenes vom Hegemonikón sagt, es soll das Priesteramt in der Seele vollziehen. Das Hegemonikón ist der Priester in der Seele, der, vergleichbar dem Priester am Altar, Erkenntnis als geistige Kommunion vollzieht: «Im Schrein des Herzens soll aber auch eine Urne mit Manna aufbewahrt werden: ein tiefes und schönes Verständnis der Worte des Herrn. Auch der Zweig Arons soll in ihm liegen ... Das Priestertum selbst soll aber jener Teil der Seele ausüben, der das Allerkostbarste ist, das Principale Cordis, wie es manche nennen, der geistige Sinn oder das erkennende Wesen, oder wie man sonst jenen Teil der Seele nennen mag, durch den wir Gottes teilhaftig werden können.»[17] Der Priester in der Seele, der in erkennender Schau Gottes teilhaftig wird, ist nicht Denken, Fühlen oder Wollen, ist nicht der «Seelengrund» oder der allgemeine Geist, sondern der im Seelengrund individuell gewordene Geist, der sich in der Logoskraft dem Vater eint.

Die Lehre vom Hegemonikón als einer *Vorstufe des Ich* in der Seele steht in innerem Widerspruch zur platonischen Seelenwanderungslehre. Diesen Widerspruch hat Origenes offenbar empfunden. Darum taucht diese Idee bei ihm noch auf, wird dann aber in Frage gestellt und schließlich nicht nur bekämpft, sondern im Denken der Auferstehung als christliche Idee der Reinkarnation des Menschengeistes neu begründet – als Idee der Entwicklung. Diese Tat kommt in der Geistesgeschichte

17 *Exodus-Hom.* IX,4. Ed. M.Borret, 1985, S. 298 ff. Deutsch: Aloisius Lieske: *Die Theologie der Logosmystik bei Origenes*. Münster 1938, S. 104.

der Menschheit der kopernikanischen Wende gleich, wurde aber bisher von der Forschung eher verstellt als gewürdigt.

Die platonische Seelenwanderungslehre mit der Möglichkeit der Verkörperung in Tierleibern hat Origenes anfänglich zumindest erwogen und später dann verneint. Jedenfalls betont er in seiner Schrift *Gegen Celsus,* dass die menschliche Seele «nach dem Bilde Gottes» geschaffen worden sei und «dass ein nach dem ‹Bilde Gottes› geschaffenes Wesen seine Fähigkeiten unmöglich ganz und gar verlieren und andere annehmen könne, welche den unvernünftigen Tieren eigentümlich» sind.[18]

In der Prinzipienschrift ist die Vorstellung vom Fall menschlicher Seelen in Tierleiber Teil der allgemeinen Lehre vom Fall. Auch die höheren Hierarchien können in tieferstehende Ordnungen fallen. Engel werden zu Dämonen, nehmen auch Menschengestalt an; und Menschenseelen können sich mit Tierkörpern umkleiden – wenn sie die Vernunft ganz verlieren.

Die Vernunft ist Ausdruck des Geistes. Ein vernünftiges Wesen kann sich niemals in einen Tierleib verkörpern. Die Vernunft braucht, um tätig zu werden, einen ihr entsprechenden Körper. Tierleiber können nur von vernunftloser Seelenhaftigkeit ergriffen werden. Dass es aber Menschen gibt, die so weit entarten können, war wohl die Ansicht des Origenes, die er später korrigierte. Von dieser Korrektur unberührt bleiben seine Vorstellungen von Lohn und Strafe, nicht nur im Jenseits, sondern auch durch wiederholte Erdenleben in menschlichen Leibern. Das erläutert er in der Prinzipienschrift am Beispiel von Jakob und Esau. Gott ist nicht ungerecht. «Wir müssen nur annehmen», schreibt Origenes, dass Jakob «aufgrund von

18 Origenes: *Acht Bücher gegen Celsus*, hrsg. v. Paul Koetschau. 2 Bände, München 1926 f., IV, 83 (S. 407 f.). Ähnlich im Römerbriefkommentar V,1 gegen Basilides (Ed. Th. Heither , Band III, 1993, S. 62/63).

Verdiensten eines früheren Lebens von Gott mit Recht geliebt wurde, sodass er auch nach Verdienst dem Bruder vorgezogen wurde.»[19]

Sündenfall und Auferstehung

Origenes hat beobachtet: Der Mensch ist frei. Der freie Wille entstand in der Übertretung des Gebotes: Du sollst nicht essen vom Erkenntnisbaum. Dabei umgaben sich Adam und Eva mit sinnlich-sichtbaren Körperhüllen. Insofern sie das taten, wurden sie sterblich. Die Körperhüllen zerfallen.

Wenn nun der Mensch am Ende in Gott sein wird: hat er dann noch einen Körper? Mit Platon wäre eine Verneinung der Frage naheliegend. Nach Platon kommt es darauf an, den Körper zu überwinden und hinter sich zu lassen. Origenes aber knüpft an Paulus an, der von einem geistigen Körper spricht. Paulus lehrt: «Es wird gesät ein natürlicher Leib, es wird auferstehen ein geistiger Leib.»[20]

Durch Teilhabe am Auferstehungsleib Christi ist dem Menschen ein unvergänglicher Körper verheißen, wie er durch Adam einen sterblichen Körper erhielt. Wird er ihn erst am Ende der Zeiten haben, wenn Gott «alles in allem» sein wird? Wenn Gott «alles in allem» ist: gibt es keine Unterschiede? Geist ist allgemein. Nur im Körper wird der Mensch individuell. Er vergeht aber. Wird der geistige Körper dem Individualitätsprinzip Dauer verleihen? Die Idee der Wiederverkörperung ist der Schlüssel zum Verständnis dieser Fragen.

19 De princ. II, 9,7.

20 1 Kor. 15,44.

In wiederholten Erdenleben kann – durch die Gnade Christi – der Leib in Geist verwandelt werden. Und auf diese Verwandlung kommt alles an. Sie ist kein bloßer Umschlag in ein Anderes, sondern als *Aufhebung* im Sinne Hegels zu denken: Der Leib wird Geist, ohne die Substanzialität «Leib» zu verlieren. Das Ende wird zum Anfang, aber auf höherer Stufe. Leib bleibt Leib, auch als Geist.

Die Auferstehung Christi ist die Voraussetzung zum Denken der Aufhebung, das die Voraussetzung erhellt.

Der Leib wird Geist, das bedeutet: er wird zum Tempel, an dem die Seele durch wiederholte Erdenleben baut, in dem Maße, als sie sich mit dem Logos-Christus durchdringt. Die Seele erhält den neuen Leib dann vom Vater; aber jede wird ihren eigenen Leib erhalten, nach dem Wort des Paulus, das Origenes gern zitiert:[21] «Und was du säst, ist ja nicht der Leib, der werden soll, sondern ein bloßes Korn, etwa Weizen oder der anderen eines. Gott aber gibt ihm einen Leib, wie er will, und einen jeglichen von den Samen seinen eigenen Leib.»[22] Wie die Pflanze nicht von anderer Substanz ist als das Korn, so wird der Auferstehungsleib kein anderer sein, sondern unser Leib, nur in verwandelter Form.

Für Origenes ist die Auferstehung nicht nur eine Frage an das Ende. Sie hat vielmehr bereits begonnen: auf Golgatha, als Antwort auf den Sündenfall, der ja auch nicht als einmaliger

21 Z. B. *Gegen Celsus* V, 23: «Denn wir behaupten, dass wie aus ‹dem Weizenkorn› ein Schössling ersteht, so in den Leib eine gewisse geistige Kraft gelegt ist, die nicht der Vernichtung anheimfällt, und von der aus der Leib ‹in Unvergänglichkeit aufersteht›.» (deutsch: Koetschau, *Bibliothek der Kirchenväter*).

22 1 Kor. 15, 37–38f. (deutsch nach Luther) – Origenes interpretiert das Bild u.a. in De Principiis, II, 10,3.

Akt in ferner Vergangenheit zu verstehen ist. Wir sind noch im Fall und schon in der Auferstehung.

Der Einzelne kann sich hier und jetzt im Fall und in der Auferstehung erleben. Dazu ist er ermächtigt durch den Einzug des Logos in die Menschheit. Im Blick auf Golgatha ruft Origenes jedem Einzelnen zu: «Siehst du denn nicht, dass die Auferstehung der Toten in den Einzelnen schon mit ihrem Vorspiel begonnen hat?»[23]

Die Auferstehung hat begonnen: ihre Vollendung setzt wiederholte Erdenleben voraus und den stets zu erneuernden Willensumschwung im Wirken des Heiligen Geistes, die Entwicklung im Ich.

«Elias aber war Johannes selbst»

Nach Matthäus, im elften Kapitel, sagt der Christus von Johannes dem Täufer: «Er ist Elias, der künftige.» Und bei der Verklärung sagt er es noch einmal: «Ich aber sage euch: Elias ist schon gekommen, sie haben ihn nur nicht erkannt, sondern an ihm getan, was sie wollten, und so wird auch der Menschensohn von ihnen leiden. Da verstanden die Jünger, dass er von Johannes dem Täufer zu ihnen geredet hatte.»[24] Bei Markus heißt es gleichlautend: «Ich aber sage euch: Elias ist gekommen, und sie haben an ihm getan, was sie wollten ...»[25]

Für Origenes ist der Hinweis Christi auf die Identität von

23 Hom in Jer. 1,16. Ed. Schadel, 1980, S. 65.

24 Matth. 17, 12–13.

25 Marcus 9,13. Sed dico vobis quia et Elias venit et fecerunt illi quaecumque voluerunt.

Elias und Johannes dem Täufer zunächst Veranlassung, in seinem Matthäus-Kommentar die Seelenwanderungslehre entschieden zurückzuweisen. Die Seele in Johannes ist nicht die Seele, die in Elias lebte. Darum antwortet Johannes auch auf die Frage, ob er Elias sei: «Non sum – Ich bin es nicht.»[26]

Die Identität von Elias und Johannes ist für Origenes *im Geist* begründet: nicht im gewöhnlichen Menschengeist (nus), der sich als Verstand geltend macht, sondern im Geist (pneuma), der die unsterbliche Individualität meint, insofern sie vom Heiligen Geist berührt ist. Dieser Geistidentität in der Tiefe seines Wesens ist sich Johannes noch nicht bewusst, wenn er sagt: «Ich bin es nicht».

Seele und Geist werden von Origenes immer klar unterschieden. Die Seele war einst geistiger Natur und hat, nach dem Fall, ihren Wirkort zwischen dem vergänglich gewordenen Leib und dem ewig gebliebenen Geist.[27] Sie hat die Freiheit, sich mehr dem einen oder mehr dem anderen zuzuwenden. Wendet sie sich dem Geist zu, wird sie wieder geistig, ohne dabei an Individualität zu verlieren.

Origenes bezieht sich in seinem Kommentar zu der vom Christus Jesus erwähnten Elias-Johannes-Identität auf den Bericht des Lukas, wonach der Erzengel Gabriel dem Priester Zacharias, dem Vater des Täufers, verkündet: «Viele von den Söhnen Israels wird er zum Herrn, ihrem Gott, bekehren; und er wird vor ihm hergehen im Geist und in der Kraft des Elias.»[28] Wenn der Geist des Elias in Johannes dem Täufer

26 Joh. 1, 21.

27 De Principiis III,4,2 , Römerbriefkomm. 6,1 und andernorts.

28 Lk. 1,17

zur Wiedergeburt kommt, so ist dies zu unterscheiden von einer Einwohnung oder Überschattung, wie es im 2. Buch der Könige von Elisäus, dem Nachfolger des Elias, berichtet wird: «Und der Geist des Elias ruhte auf Elisäus.»[29] Der Geist des Elisäus ist vom Geist des Elias durchdrungen – und keineswegs identisch mit ihm.

Der Geist des Elias ist außerdem zu unterscheiden vom Geist Gottes und vom Geist, «den jeder Mensch in sich hat». Der Geist im Menschen, der von der Seele zu unterscheiden ist, ist zwar göttlichen Ursprungs, aber durchaus nicht identisch mit dem Geist Gottes. Der Geist des Elias ist «noch etwas Außergewöhnliches» gegenüber dem Allgemein-Geistigen im Menschen.

Der Mensch besteht aus Leib, Seele und Geist. Der Leib ist vereinzelt und vergänglich, der Geist ist zunächst allgemein und unvergänglich, die Seele vermittelt beide. Der Geist des Elias kann nicht nur allgemein und unvergänglich gewesen sein, wenn er «nicht nur auf Elisäus ruhte, sondern auch mit Johannes zur Geburt herabkam».

Origenes denkt diesen Geist als «etwas Besonderes». Dieses Besondere, das in Johannes «vom Mutterschoß an mit heiligem Geist erfüllt» war, unterscheidet er vom «Führungsgeist», vom «geraden Geist», vom Geist der «Wahrheit und Einsicht», vom Geist des «Rates und der Stärke», vom Geist «der Erkenntnis und der Frömmigkeit» und vom «Geist der Gottesfurcht». Das alles sind Geister, von denen mehrere zugleich in einem und in vielen Menschen wirken können.

Der Geist des Elias aber, der in Johannes, als Geist des Johannes, «vom Mutterschoß an vom Heiligen Geist erfüllt»

29 2 Könige 2,15.

war, wird von Origenes individuell gedacht, sodass er sagen kann:

Auf Elisäus also «ruhte der Geist des Elias» nur, Johannes aber ging voraus nicht nur «im Geist», sondern auch «in der Kraft des Elias»; deswegen wäre Elisäus auch nicht Elias genannt worden, Johannes aber war Elias selbst.[30]

Das ganze Kapitel zielt ab auf die Lehre von der Individuation des Geistes durch Wiederverkörperung: «Johannes aber war Elias selbst.» Der Geist des Elias wird individuell in der Seele des Johannes.[31]

Der Geist des Johannes ist identisch mit dem Geist des Elias; aber als Geist des Elias war er noch nicht im gleichen Sinn individuell. Ein göttliches Wesen erfüllte ihn, ein Engel. Darum war auch sein Tod kein gewöhnlicher Tod, wie ihn Menschen erleiden. Seine Himmelfahrt wurde oft beschrieben und gemalt.

Der Engel, obgleich in Einheit mit Elias, war nicht Elias. Da aber der Geist des Elias noch nicht als Persönlichkeit wirkte, kann man auch sagen: Elias war ein Engel, weil eben der Engel durch ihn wirkte, ohne von einem menschlichen Ich in seiner Wirkung abgeschwächt oder individualisiert zu werden: Der Engel offenbarte die Wesenheit des Elias. In diesem Sinne deutet Origenes in seinem Johanneskommentar das Verhältnis des Menschengeistes zu seinem Engelgeist in der Wesenheit des Täufers. Im wesentlich späteren Matthäuskommentar betont er dagegen die Wiederverkörperung von «Geist und Kraft» des Elias. Damit kann der Engel nicht gemeint sein. Der

30 Comm. in Mt. XIII,2. Vogt, S. 244 (Band 1).

31 Jean Daniélou betont demgegenüber, dass es sich im Fall von Johannes dem Täufer um die Inkarnation eines Engels handelt (Origène, 1948, S. 245).

Engel wirkt wohl noch herein: er ist aber nicht «Johannes selbst».

Darum sagt auch der Christus zur Prophezeiung des Maleachi, wonach der Herr seinen Engel sendet, der ihm den Weg bereiten soll:[32] «Ich aber sage euch, dass unter denen, die von Weibern geboren werden, kein größerer Prophet ist als Johannes; und dennoch: wer kleiner ist im Reich Gottes, ist größer als er.»[33] Damit bringt er zum Ausdruck, dass der Täufer wohl der größte unter den Menschen, aber gewiss kein Engel ist. Engel bilden die unterste Hierarchie im Reich Gottes.

Johannes ist ein «Mensch, von Gott gesandt».[34] Dieser Mensch ist in seinem Menschengeist und in seiner Menschenkraft identisch mit Elias. Der Menschengeist, der in Elias noch weniger individualisiert war, wird in seiner Inkarnation als Johannes zum «Selbst», das heißt: zum Geist in der Seele, in dem Sinne, wie Paulus spricht: «Ich, der ich mit dem Leibe nicht da bin, doch mit dem Geist gegenwärtig».[35] Er meint nicht den allgemeinen Geist und schon gar nicht die sterbliche Seele, sondern den unsterblichen, aber im Ich individualisierten Geist.

Im Johanneskommentar sieht Origenes im Täufer den Menschen und seinen Engel und beide als Einheit. Er spricht erst von Jakob, der auch von sich sagte, er sei ein Engel Gottes. Er war aber ein Mensch. Zusammenfassend heißt es dann: «Unsere Hypothese über Johannes stellt ihn vor ... wie einen Engel,

32 Mal. 3,1.

33 Lukas 7,28.

34 Joh. 1, 6 .

35 1 Kor. 5, 3–5.

der sich inkorporiert hat, um Zeugnis abzulegen vom Licht. So viel über Johannes als Mensch.»[36]

Johannes aber war Elias selbst: Das meint nicht Seelenwanderung und nicht Engelwanderung, sondern die Wiederverkörperung des individualisierten Menschengeistes. Dies ist kein Nachhall aus der Platon-Begeisterung des Origenes, sondern nur zu verstehen aus dem Ereignis der Menschheitswende, die durch Tod und Auferstehung Christi eingeleitet wurde. Elias-Johannes war der Vorverkünder, der die Seelen zugerüstet hat zum Verständnis dieses Ereignisses.

In Johannes erfolgt die Individualisierung durch seine einzigartige Christusnähe. Bei der Verklärung ist Johannes schon enthauptet und geistig anwesend. Er ist dem Christus auch im Sterben vorangegangen.

Christus wirkte auch in den anderen Propheten des Alten Testamentes. Aber Elias schlägt insofern die Brücke zum Neuen Testament in besonders inniger Weise, als «sein Geist und seine Kraft» in Johannes dem Täufer zur Reinkarnation kamen. Sein Geist und seine Kraft bewirken, dass Jesus von Nazareth bei der Taufe das «vollkommene Wort» aufnehmen kann.

In Jesus von Nazareth wurde das Wort Fleisch. Durch Tod und Auferstehung wurde das Fleisch Wort. An dieser Menschheitswende hat der Geist des Elias-Johannes innigsten Anteil.

In Elias wirkt der Logos noch überindividuell. Johannes hat unmittelbar teil an der Ich-Geburt der Menschheit. Er ist der unmittelbare Vorverkünder der Ich-Geburt.

Durch das Ereignis von Tod und Auferstehung Christi wird der Mensch ich-begabt. Gott schuf den Menschen nach Leib,

36 Origenes: Johanneskommentar, ed. Cécile Blanc. Band 1, Paris 1966, S. 336 (II,31).

Seele und Geist. Durch das Opfer Christi kann sich der Geist in der Seele individualisieren: zum Ich, das den Körper nicht mehr meidet, sondern verwandelt. Dies hat Origenes noch nicht scharf erfasst, aber doch im Begriff des Hegemonikón vorgedacht.

Wiederverkörperung und Auferstehung

Origenes wendet sich in seiner Prinzipienschrift gegen die Ungläubigen, die meinen, der Körper löse sich beim Tode vollständig auf. Das Fleisch vergeht, wird umgewandelt, löst sich auf in die Elemente: aber etwas von seiner Substanz bleibt erhalten und «wird durch den Willen seines Schöpfers zu einer bestimmten Zeit wieder ins Leben gerufen, und dann geschieht eine neue Umwandlung».[37] Dieser Gedanke hat mit Seelenwanderung nichts zu tun, wohl aber mit der Auferstehung in der Sicht des Paulus, die ein neues Verständnis von Reinkarnation ermöglicht. Die «Auferstehung» des physischen Körpers erfolgt nach Origenes nicht auf einmal, weder jetzt nach dem Tode noch am Ende der Zeiten, sondern «stufenweise im Laufe von unzähligen und unendlich langen Zeiträumen»[38] – in einer Folge von Reinkarnationen. Denn das Fleisch kehrt zur Erde zurück. Lang ist der Weg bis zur «Herrlichkeit eines geistigen Körpers».

Dabei ist das «Verdienst» der im Fleische wohnenden Seelen zu berücksichtigen. Die «Herrlichkeit eines geistigen Körpers» steht erst am Ende in Aussicht. Aber der Anfang ist

37 De princ. III, 6,5.

38 De princ. III, 6,6.

auf Golgatha geschehen: für die ganze Menschheit. Es hängt vom Verdienst jeder einzelnen Seele ab, inwieweit sie an diesem Ereignis als Aufhebung des Sündenfalles teilhat.

Wenn also nach Golgatha eine Seele zur Geburt kommt, dann erhält sie nicht nur einen allgemeinen Geist, sondern einen Geist, der mit einem geistigen Körper verbunden ist, zwar noch nicht in der vollkommenen Herrlichkeit, aber doch wenigstens keimhaft und künftig umfassender.

Wenn Origenes im Blick auf Golgatha nicht Seelenwanderung, sondern die Wiederverkörperung des sich individualisierenden Menschengeistes denkt, wird die Kontinuität von Leben zu Leben nicht nur durch den Geist gewährleistet, der ja für sich genommen allgemein ist, sondern auch durch den geistigen Körper, der die Individualität bedingt, also anfänglich durch die keimhaft wiederhergestellte Dreieinheit von Leib-Seele-Geist. Er betont ausdrücklich, dass es nicht ein anderer Körper ist, den wir jetzt «in Niedrigkeit, Vergänglichkeit und Schwäche» besitzen, und dann ein anderer, den wir «in Unvergänglichkeit, Kraft und Herrlichkeit» haben werden,[39] sondern dass eben dieser Körper die Schwächen ablegen wird, die er jetzt hat, zur Herrlichkeit umgewandelt wird und so zum «geistigen Körper» wird.

Eben dieser Körper ist der Körper, in dem Individuation erfolgt, nur vorläufig noch um den Preis der Vergänglichkeit, behaftet mit den Schlacken des Irdischen.

Die altüberlieferte Idee der Seelenwanderung führt zur Weltflucht. Nach Platon hat der Philosoph seinen Leib zu verachten und sterben zu lernen.[40] Seelenwanderung ist Strafe für den

39 Paulus : 1 Kor.15, 42-43.

40 Platon: *Phaidon*, 64-67.

«Fall», der bis zur Verbindung mit tierischen Lebensformen führen kann.

Diese seinerzeit weit verbreitete Auffassung hat Origenes überwunden. Die Idee des sich durch Wiederverkörperung individualisierenden Menschengeistes, wie sie Origenes anfänglich denkt, ist eine christliche Idee, die zur Verwandlung der Welt führt. Sie setzt nicht nur Präexistenz und Trichotomie voraus, sondern auch und vor allem die Auferstehung Christi. Nur weil Christus auferstanden ist, weil er den sterblichen Leib des Jesus von Nazareth in einen unsterblichen Leib verwandelt hat,[41] kann Wiederverkörperung in diesem Sinne gedacht werden.

Umgekehrt setzt auch der Auferstehungsgedanke die Reinkarnationsidee voraus – sonst könnte der Einwand des Celsus und anderer Platoniker schwerlich entkräftet werden: «Denn welche menschliche Seele dürfte sich wohl nach einem verwesten Leibe sehnen?»[42] Ein ganz neuer Leib – am Ende der Zeiten – ist aber *wegen der dann nicht gegebenen Individuation* auszuschließen. «Eben dieser Leib», den wir jetzt an uns tragen, bedarf in seinem Geistkeim der Reinkarnation, um allmählich, durch Teilhabe am Auferstehungsleib Christi, umgewandelt werden zu können.

Paulus sagt: «Es wird gesät ein natürlicher Leib und wird auferstehen ein geistlicher Leib.»[43] Dieses Wort hat Origenes als die zentrale Botschaft der Zeitenwende lebenslang meditiert.

41 Hierzu (ohne die Reinkarnationsidee): Matthias Eichinger: *Die Verklärung Christi bei Origenes*. Wien 1969.

42 Origenes: *Gegen Celsus* V, 14. Übers. Koetschau, München 1927, Band 2, S. 24 (Bibl. d. Kirchenväter, Band 53).

43 1 Kor. 15, 44.

Christliche Meditation führte ihn zur Erkenntnis: «Wenn die Leiber auferstehen, tun sie es zweifellos, um uns zu bekleiden; und wenn wir Leiber haben müssen – und das ist sicherlich notwendig –, so werden wir in keinem anderen als in unserem eigenen Leib sein.»[44]

Der *eigene Leib* wird uns immer wieder genommen, bis er befreit ist «von Verweslichkeit und Sterblichkeit». Der Vorgang dieser Befreiung beginnt mit dem Ereignis von Golgatha und entspricht der Geschichte des «Sündenfalls» vom Essen der Erkenntnisfrucht bis zur Zeitenwende. Auf einmal bringe ich so viel nicht weg, meint Lessing.[45] Es ist eine Frage der Ichentwicklung durch die Geschichte der Menschheit.

Man mag es wenden, wie man will: Wer die Auferstehung im Sinne des Paulus denkt und die geistige Individualität des Menschen nicht preisgeben will, kommt nicht umhin, die Idee der Reinkarnation zu denken. Der Körper ist *principium individuationis*: Nur ein Geistleib, der auf Erden gebildet wird, in Umwandlung «eben dieses Körpers», den wir noch in Vergänglichkeit an uns tragen, kann am Ende der Zeiten Ausdruck geistiger Individualität sein. Das ist der Sinn der Entwicklung durch Wiederverkörperung.

Die Idee der Wiederverkörperung des individualisierten Menscheingeistes ist nicht nur mit dem Christentum vereinbar: Sie ist ohne Tod und Auferstehung Christi gar nicht denkbar. Sie ist eine genuin christliche Idee.

Als christliche Idee der Entwicklung ist sie ansatzweise bei Origenes entstanden. Das haben seine Zeitgenossen nicht verstanden. Es wird auch heute nicht verstanden, weil die Rein-

44 De princ. II, 10,1. Görgemanns/Karpp 1985, S. 420 f.

45 *Die Erziehung des Menschengeschlechts*, § 98.

karnation des individualisierten Menschengeistes zumeist mit der alten Seelenwanderungsidee verwechselt wird. Diese aber wurde gerade von Origenes scharf zurückgewiesen, nachdem er sie anfänglich wohl mit Ammonius Sakkas und Plotin nach der Vorgabe Platons gedacht hat.

Origenes, der Platoniker, hat Platon überwunden. Der scheinbare Widerspruch in seinem Denken ist in Wahrheit eine *Aufhebung*: der Entwurf der Wiederverkörperungsidee aus dem christlichen Mysterium und als Voraussetzung für die Entwicklung des Ich. Damit ist Origenes der Begründer der christlichen Entwicklungsidee, insofern Entwicklung im Ich des Menschen erfolgt.

Thomas Schmidt

Eine «Brücke» zwischen den Vorstellungen von der Evolution des Universums durch die Astrophysik und die Anthroposophie

Wissenschaftshistorische Voraussetzungen

Bis in das 19. Jahrhunderts hinein hatten die Astronomen einigermaßen genaue Entfernungsvorstellungen nur von den Planeten unseres Sonnensystems, einschließlich des einzigen nach der Antike 1781 entdeckten Planeten *Uranus.* Erst im Jahre 1838 gelang es Friedrich Wilhelm Bessel in Königsberg, für den ersten Fixstern eine korrekte Entfernung zu bestimmen, indem er mit einem eigens zu diesem Zweck gefertigten Spezialfernrohr den Durchmesser der durch die jährliche Erdbahn um die Sonne verursachten scheinbaren Ellipsenbahn des 61. Sternes im Schwan (61 Cygni) zu 0,6 Bogensekunden (= 1/3000 der Vollmondscheibe) bestimmt hatte.[1] Die Winzigkeit dieser Bewegung, durch die sich der räumliche Abstand eines der uns nächsten Fixsterne im Verhältnis zum Erd-Sonnen-Abstand messen lässt, zeigt uns, dass es auf diese Weise unmöglich ist, Aussagen über die Größe des gesamten Kosmos zu erhalten. Zwar war es ein bewunderungswürdiger Erfolg der von Isaac Newton 1687 aus der irdischen Mechanik

1 Genaueres zu dieser «trigonometrischen Parallaxenmethode» zur Bestimmung von Fixsternentfernungen findet sich in dem Buch *Astronomie – Kosmologie – Evolution* [4] auf S. 164 ff.

ins Planetensystem hinaus extrapolierten «Himmelsmechanik», dass im Jahre 1846 ein weiterer Planet, der *Neptun*, allein dadurch entdeckt wurde, dass dessen Schwerkraft als Ursache beobachteter Unregelmäßigkeiten der Bahnbewegung des *Uranus* gedeutet werden konnte – bezüglich der Entfernungen von Fixsternen aber war damit die Forschung immer noch nicht viel weiter als zwei Jahrtausende zuvor dem Planetensystem gegenüber: So wie im antiken Griechenland der *Mond* der einzige aller Wandelsterne mit einem bekannten Abstand war, so galt das in gleicher Weise bis zur Mitte des 19. Jahrhunderts für die kaum mehr als ein Dutzend der uns allernächsten Fixsterne aus der unermesslichen Fülle aller übrigen Sterne und Milchstraßensysteme.

Die Anwendung der Spektralanalyse

Diese Situation veränderte sich grundsätzlich im Jahr 1859, als von Gustav Robert Kirchhoff (1824–1887) und Robert Wilhelm Bunsen (1811–1899) in Heidelberg die «Spektralanalyse» entdeckt wurde. Die Grundlagen dazu hatte zwar bereits der Astronom und Instrumentenbauer Josef von Fraunhofer um 1825 gelegt, indem er im Spektrum eines vom Sonnenlicht erleuchteten Spaltes in dem Farbband zwischen violettem und rotem Licht dunkle Linien entdeckte, an deren Erklärung sich bereits auch Goethe versucht hatte, allerdings ohne Erfolg. Erst mit den Entdeckungen von Kirchhoff und Bunsen wurde deutlich, dass für die chemische Analyse heißer, glühender Gase von nun an keine materiellen Substanzproben mehr nötig waren, sondern dass die Analyse des emittierten Lichtes genügte. Für eine solche Analyse musste allerdings das Licht mithilfe von Prismen (oder anderen Hilfsmitteln) in Farbbänder, die «Spektren», umgewandelt werden.

Durch die Spektralanalyse ließ sich nun für glühende Gase über jede beliebige Raumdistanz eine Substanz- und Zustandsanalyse durchführen, soweit nur dafür das Objekt am Ort der Beobachtung noch genügend hell erscheint. Es lag nun unmittelbar nahe, diese Analysenmethode auch auf astronomische Lichtquellen anzuwenden, und Kirchhoff selbst gab auch bereits einen «Spektralatlas» mit allen sichtbaren, dunklen Fraunhoferlinien des Sonnenspektrums heraus, von denen er manche auch schon der Farbe und Lage im Spektrum nach als identisch mit den hellen «Emissionslinien» bestimmter chemischer Elemente von entsprechenden glühenden Gasen auf der Erde erkannte. Es wurde schnell deutlich, dass ein Gas vor einem heißeren, glühenden Festkörper dunkle Absorptionslinien derselben Farben im Spektrum zeigt, wie die Emissionslinien derselben glühenden Gase vor einer Dunkelheit. Diese Erkenntnis einer möglichen Zuordnung irdischer und kosmischer Spektren bedeutete die «Geburtsstunde» der *Astrophysik*. (Zugleich war das auch dasselbe Jahr 1859, in dem Charles Darwin mit seinem berühmten Werk *Die Entstehung der Arten durch natürliche Zuchtwahl* seine Lehre von der Entwicklung der Lebewesen auf der Erde begründet hatte!) Durch einen Vergleich der Spektren von irdischen und kosmischen Lichtquellen war es nun möglich, die auf der Erde erforschten physikalisch-chemischen Tatbestände in den Kosmos zu extrapolieren – mit durchschlagendem Erfolg, denn dauerhafte Widersprüche zu den auf der Erde gültigen physikalischen Gesetzen konnten dabei nicht gefunden werden.[2] In der bis dahin für außerirdische Erschei-

2 Viele Jahre nicht irdisch identifizierbare Spektrallinien im Licht der Sonne und kosmischer Gasnebel wurden zunächst speziellen

nungen allein nutzbaren *Astronomie* wurden dagegen nur die Positionen, Bewegungen und Helligkeiten der Sterne gemessen, ohne begründete Aussagen über ihre physikalisch-chemischen Zustände oder über ihre räumlichen Entfernungen machen zu können – von den erwähnten Ausnahmen abgesehen.

Technisch war es allerdings für die Praxis der astrophysikalischen Fixsternforschung zusätzlich entscheidend wichtig, dass in den Jahren unmittelbar vor der Entdeckung der Spektralanalyse die «Astrofotografie» als astronomische Beobachtungsmethode eingeführt wurde. Das ist besonders entscheidend gerade für die Aufnahme von Sternspektren, die ja stets dadurch entstehen, dass der «Leuchtpunkt Stern» zu einem Farbband weit auseinandergezogen werden muss, wodurch sich die Helligkeit erheblich reduziert. Für die Analysen genügend heller Sternspektren wurden diese deshalb in der Regel zunächst durch ein Fernrohr fotografisch fixiert und mussten dafür oft viele Stunden lang belichtet werden, während derer auf die genaueste Nachführung des Fernrohres mit der nächtlichen Bewegung des Sternhimmels zu achten war.

Die Anwendung auf den optischen Dopplereffekt

Für das Verständnis des Universums insgesamt war aber noch eine weitere Möglichkeit der Spektralanalyse eminent wichtig, nämlich die Analyse des optischen *Dopplereffektes*:

kosmischen Elementen, nämlich dem *Helium* und dem *Nebulium*, zugeschrieben, sie konnten aber später dem auch auf der Erde durchaus vorhandenen, aber wegen seiner chemischen Reaktionslosigkeit kaum nachweisbaren Edelgas *Helium* sowie dem ionisierten *Sauerstoff* und *Stickstoff* zugeschrieben werden.

Für uns ist es heute eine alltägliche Erfahrung, dass das Martinshorn eines Feuerwehrautos höhere Töne auszusenden scheint, wenn es auf uns zu fährt, als wenn es sich von uns entfernt. Diese Erscheinung wurde von dem österreichischen Physiker Christian Doppler 1842 (wahrscheinlich an den ersten Eisenbahnen) entdeckt und genauer untersucht. Es ergab sich ihm dann auf zeichnerisch-geometrische Weise, dass jeder Beobachter von einer auf ihn zu bewegten Schallquelle in schneller aufeinander folgenden Schwingungen getroffen wird als im Ruhezustand – also höhere Töne hört; bei einer Bewegung von Beobachter weg folgen die Schwingungen entsprechender langsamer aufeinander – der Ton wird tiefer. Als mathematische Formel gilt für alle Schwingungs- und Wellenbewegungen die Verhältnisgleichung: $\Delta f : v_R = f_o : c$ (hier bedeutet Δf die Frequenzveränderung durch den Dopplereffekt für die Frequenz f_o der ruhenden Schallquelle, v_R ist die «Radialgeschwindigkeit», d.h. die Geschwindigkeit der Schallquelle in der Sichtlinie und c steht für die Schallgeschwindigkeit). Dieselbe Formel gilt übrigens auch für die Wellenlängen (λ) statt der Frequenzen (f) des Schalles. Obwohl es in der Physik noch nicht überall anerkannt war, dass der Dopplereffekt auch für das Licht gültig ist, wurde ab 1863 in England seine Anwendung auf Fixsterne schon versucht – zunächst mit zweifelhaftem Erfolg. Für die dem Licht zugeordnete Wellenbewegungen war die Schallgeschwindigkeit durch c = 300.000.000 m/sec zu ersetzen, die millionenfach größere «Lichtgeschwindigkeit», wodurch für das Licht nur sehr kleine Messwerte für Δf bzw. $\Delta\lambda$ zu erwarten waren. Nach der Herstellung neuer, empfindlicherer Fotoplatten gelang es dann aber im Jahre 1888 in Potsdam einem der Pioniere der «neuen» Astrophysik, Hermann Carl Vogel,

Abbildung 1: Der «alte» von H. C. Vogel 1888 konstruierte Spektrograph am damals größten Refraktor (= Linsenfernrohr) der Potsdamer Sternwarte mit 30 cm Linsendurchmesser, mit dem auch das Spektrum der Abb. 2 aufgenommen wurde. Den Spektrographen sieht man rechts unten an das Fernrohr angeschraubt, in seinem gebogenen Zwischenstück befinden sich mehrere Prismen hintereinander, die die Spektren erzeugen und dabei das Licht kreisbogenförmig ablenken, links unten (vor der unteren linken Türfüllung) ist die Fotokassette zur Aufnahme der Spektren zu sehen.

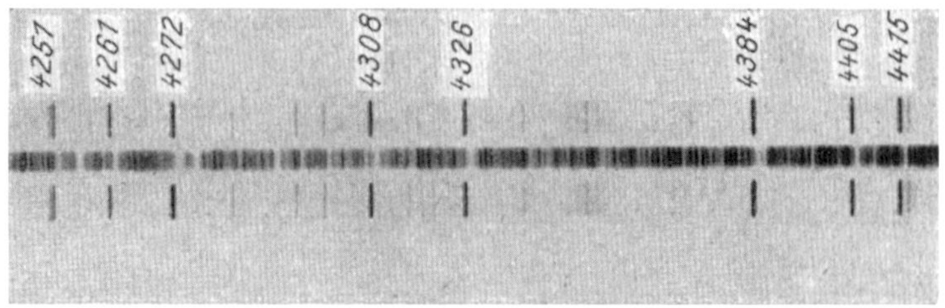

Abbildung 2: Originales Negativ des blauen Teils eines 1901 mit dem großen Spalt-Spektrographen der Potsdamer Sternwarte (Abb. 1) aufgenommenen fotografischen Spektrums des «Aldebarans» («rotes Auge des Stiers»). Oben und unten: eingespiegeltes künstliches Eisenspektrum mit seinen hellen (im Negativ dunklen) Emissionslinien zum Vergleich; in der Mitte (durch denselben Spalt): Sternspektrum, mit ebenfalls sichtbaren im Negativ hellen Fraunhoferlinien des Eisens, die etwa 0,5 mm nach rechts verschoben sind, entsprechend einer Radialgeschwindigkeit von 75 km/sec von uns weg. Violette Richtung im Spektrum nach links.

von fünfzig helleren Sternen Radialgeschwindigkeiten vorzulegen, die mit einem neuen Spektrographen (Abb. 1) aufgenommen wurden und die schon deshalb Vertrauen erweckten, weil die zu verschiedenen Jahreszeiten durchgeführten Messungen deutlich den jeweils in der Sichtlinie unterschiedlichen, aber leicht berechenbaren Einfluss der Erdbahnbewegung von maximal bis zu ± 30 km/sec wiedergegeben hatten (Abb. 2).[3]

Damit war auch der zweite «Aufbruch» der irdischen Physik in die kosmischen Weiten des Kosmos gelungen, wiederum mit weitreichenden Folgen. Bis zur Mitte des 19. Jahrhunderts gab keine astronomische Beobachtung Anlass zu der Vermutung, das Gesamtuniversum könne im Laufe der Zeit ir-

3 Die Erde bewegt sich mit etwa 30 km/sec auf ihrer Bahn um die Sonne. Alle halben Jahre liegt diese Bewegung für jeden Fixstern in der Nähe der scheinbaren Sonnenbahn durch den Tierkreis in der Sichtlinie, wirkt sich also in voller Größe auf die Dopplerverschiebung aus. Nur für Sterne nahe dem Pol der Ekliptik ist die Erdbahnbewegung ohne Bedeutung.

gendeiner wesentlichen Veränderung unterliegen, die über das hinausgeht, was in unserer unmittelbaren Fixsternumgebung wahrnehmbar ist. Von nun an aber unterliegt genau diese Vermutung der Überprüfbarkeit durch Messungen und Beobachtungen. Zwar werden die Winkelbewegungen der Gestirne *quer zur Sichtlinie*, die sogenannten *Eigenbewegungen* der Gestirne, für zunehmende kosmische Entfernungen schon in unserer nächsten Fixsternumgebung unmessbar klein, die aus dem optischen Dopplereffekt ermittelten *Radialgeschwindigkeiten* der Sterne *in der Sichtlinie* jedoch ergeben sich grundsätzlich im irdischen Maß, etwa als «Meter pro Sekunde», sodass ihre Messbarkeit allein von ihrer beobachtbaren Helligkeit am Himmel abhängig ist. Vom Jahr 1919 an hat dann Edwin Powell Hubble an dem zwei Jahre zuvor fertiggestellten ersten Großteleskop mit 2,54 m Spiegeldurchmesser am Mt. Wilson-Observatory bei Los Angeles in Kalifornien mit zunehmendem Erfolg entfernte Milchstraßensysteme untersucht und ihre Radialgeschwindigkeiten gemessen.[4] Die geradezu revolutionären Ergebnisse dieser Untersuchungen waren dann endgültig erst im Jahre 1929 überprüfbar; wir kommen darauf noch zurück. Bis dahin betrafen die neuen astrophysikalischen Forschungsergebnisse eigentlich *nur* einen weiteren, allerdings durchaus wichtigen Schritt der Anwendung irdisch erforschter Physik auf den Fixsternkosmos. Dieser schien aus Sternen und

4 Mit heutigen Großteleskopen ist der Kosmos technisch bis zu seiner Grenze im Abstand von 13 Milliarden Lichtjahren zugänglich. (1 Lichtjahr ist die Strecke, über die ein Signal infolge der Lichtgeschwindigkeit von 300.000 km/sec in einem Jahr übertragen werden kann. Der Abstand eines Gestirnes von 13 Milliarden Lichtjahren bedeutet zugleich, dass man es «hier und jetzt» so sieht, wie es vor 13 Milliarden Jahren existiert hat; dieser Zeitraum gilt zugleich als Alter der Welt.)

Sternsystemen zu bestehen, die überall und in jeder Raumrichtung unterschiedliche Geschwindigkeiten zeigen. Meistens wurden Radialgeschwindigkeiten bis 100 km/sec gemessen, also erheblich höher als auf der Erde zu finden sind, aber in Einzelfällen waren sie auch noch erheblich größer. Zwingende Anzeichen gegen die Überzeugung, der Kosmos im Großen sei ein statisches Gebilde, standen aber noch aus, wie ja etwa auch ein Ameisenhaufen im Wald trotz ständiger Bewegung der einzelnen Ameisen insgesamt dennoch seine Gestalt beibehalten kann. Selbst Albert Einstein, ansonsten gewiss einer der kritischsten Geister in der Physik, stand bis zum Jahre 1929 noch zu der Ansicht, wir seien von einem im großen Ganzen statischen und unveränderlichen Kosmos umgeben, was umso erstaunlicher war, als er durchaus Schwierigkeiten hatte, überhaupt seine ab 1912 geschaffene zweite, die «allgemeine Relativitätstheorie» an ein statisches Universum anzupassen!

Einige erkenntnismethodische Aussagen Rudolf Steiners

Ein echter Widerspruch zwischen den Ergebnissen korrekt entwickelter akademischer Wissenschaften und recht verstandener Anthroposophie sollte nicht entstehen können. Ein solcher entspräche weder den methodischen Grundlagen noch der erkenntnistheoretischen Praxis der Forschungen Rudolf Steiners und stünde nicht in Übereinstimmung mit dem von ihm schon in seiner bereits 1894 publizierten *Philosophie der Freiheit* [8] begründeten monistischen Weltbild. Aber auch noch in seinen letzten Lebensjahren legte Steiner den größten Wert darauf, «die Brücke zu schaffen zwischen der Geisteswissenschaft im Allgemeinen und den Spezialbetätigungen im wissenschaftlichen Leben. Gerade das … wird zu dem Allernotwendigsten der Zukunft gehören.» (Steiner [12], 11. Vortrag vom 21.10.1917.)

Dieser «Brückenschlag» kann allerdings nicht gelingen, wenn die naturwissenschaftliche Wirklichkeit allein durch Zahlen beschrieben wird, für die es dann allerdings vergleichbare Ergebnisse anthroposophischer Forschungen nicht geben kann. Vergleichbarkeit aber lässt sich sehr wohl finden, wenn für beide Seiten die grundsätzlich nicht quantifizierbare «Gestensprache» der Erlebnis- und Gedankenwege gegenübergestellt und die qualitativen Zusammenhänge zwischen den Einzelerkenntnissen beachtet werden. Beispielsweise dürfen wir nicht meinen, astronomische Entfernungsangaben (weil sie *nur* Quantitäten zu betreffen scheinen) wie irdische Kilometerangaben bis zum nächsten Dorf auffassen zu dürfen, ohne zu beachten, dass eine Raumdistanz, die wir durchwandern können, im Vergleich zu einer solchen, bei der das prinzipiell unmöglich ist und die nur indirekt gemessen und dann in Lichtjahre umgerechnet wird, sehr viel wesentlichere Unterschiede aufweist als die ihrer Maßzahlen (s. Schmidt [6], S. 330-362). Jedoch muss für den erwähnten «Brückenschlag» ebenso bedacht werden, dass anthroposophische Forschung sich nicht nur der Erforschung von Geisteswelten, sondern auch deren Spuren innerhalb der Sinnestatsachen anzunehmen hat. Dabei aber ist auch im Sinne Rudolf Steiners zu beachten, dass wir in der gesamten uns umgebenden physischen Welt gegenwärtig «nicht mehr die Wirksamkeit, … sondern nur … noch das *Werk* des Göttlich-Geistigen» vor uns haben; «für das menschliche Anschauen zeigt sich das Göttliche in den Formen, in dem naturhaften Geschehen; aber es ist *nicht mehr* als Lebendiges darinnen.» (Steiner [14], *Menschheitszukunft und Michael-Tätigkeit*, 25.10.1924.)

Natürlich geht es dabei nicht um irgendeinen Zweifel an der Sorgfalt oder logischen *Richtigkeit* moderner Forschungen, sondern um den Versuch, in dem gegenwärtig toten *Werk* des Göttlichen *Abbilder* von einst Geistig-Lebendigem zu entschlüsseln. Das ist bei den Methoden und Inhalten der modernen Naturwissenschaften teilweise heute sogar leichter als zu Steiners Lebzeiten, weil inzwischen viele der grob materialistischen «Kurzschlüsse» des 19. Jahrhunderts wissenschaftlich überwunden wurden; von den Persönlichkeiten der Wissenschaftler her ist es oft aber auch schwieriger geworden, weil zur Rettung eines rein materialistischen Weltbildes in dem vergangenen Jahrhundert sehr viel raffiniertere Argumentationsmethoden entwickelt wurden als zuvor. Geistige Schärfung eines ausgewogenen Urteils ist nötiger denn je, aber Steiner gibt uns noch in seinen letzten Lebensmonaten weitere Anregungen dazu: Zwar ist die Außenwelt nur noch der Götter *Werk,* und «die Natur muss erkannt und erlebt werden, sodass sie götterleer ist», aber «in diese Welt erkennend blicken, bedeutet Formen, Gestaltungen vor sich haben, die überall laut von dem Göttlichen sprechen; in denen aber selbstlebendes göttliches Sein nicht gefunden wird, wenn man sich keiner Illusion hingibt.» (Steiner [14], *Das Michael-Christus-Erlebnis des Menschen*, 2.11.1924.)

In dieser Weise erkennend auf die Formen und Gestalten der götterleeren, aber gottgeschaffenen Werkwelt zu blicken soll dem Universum gegenüber im Folgenden versucht werden! Wenn ein solcher Versuch jedoch gerade in diesem «Darwin-Jahr» im Zusammenhang mit dem Werk Rudolf Steiners unternommen wird, sind aber vielleicht noch die folgenden beiden biographischen Anmerkungen sinnvoll:

Als auf dem «Münchner Kongress» der Theosophischen Gesellschaft im Jahre 1907 Steiner sein bisheriges geisteswissenschaftliches Wirken mit einer Erneuerung der Künste zu verbinden suchte, war ihm dafür die Zusammenarbeit mit dem französischen Theosophen und Dichter Edouard Schuré wichtig. Diesem stellte er deshalb die geistigen Grundlagen seiner Bestrebungen im Jahre 1907 in besonderen persönlichen Aufzeichnungen in Barr im Elsass vor. Im zweiten Teil dieser Aufzeichnungen erwähnt Steiner, dass erst dann aus dem bisherigen rosenkreuzerischen Geheimwissen manches «der Esoterik öffentlich als Aufgabe zufallen müsse um die Wende des 19. und 20. Jahrhundert, wenn die äußere Naturwissenschaft zur vorläufigen Lösung gewisser Probleme gekommen sein werde». Die in unserem Zusammenhang wichtigen ersten beiden dieser Probleme benennt Steiner so:

«1) Die Entdeckung der Spektralanalyse, wodurch die materielle Konstitution des Kosmos an den Tag kam.

2) Die Einführung der materiellen Evolution in die Wissenschaft vom Organischen.» [9]

Dass es sich hier um die beiden erwähnten Entdeckungen des Jahres 1859 von Kirchhoff und Bunsen sowie von Darwin handelt, ist wohl deutlich! –

Im Jahre 1924 kommt Rudolf Steiner etwa ein halbes Jahr vor seinem Tod auf seiner letzten Englandreise in Torquay nochmals – nun im *Rückblick* – auf für ihn wichtige Bedingungen für die Erforschung der Entwicklung von Erde und Mensch zurück:

«Und erst als ich in den Jahren 1906 bis 1909 einfach die modernen naturwissenschaftlichen Vorstellungen [des Darwinismus] der Seele imprägnierte, um sie in die Region zu bringen, wo sonst die Imaginationen sitzen, war es mir möglich, vorzudringen bis [zur Alten] Sonne und [zum Alten] Saturn. Ich benutzte also diese naturwissenschaftlichen Vorstellungen nicht, um mit ihnen zu erkennen so, wie Haeckel oder Huxley erkannten, sondern ich benutzte sie als innerliche Aktivität ... Es ist also hier zur Abfassung meiner ‹Geheimwissenschaft› der Versuch gemacht worden, die ganz bewusste Vorstellungswelt, die sich sonst nur auf die äußerlichen Naturgegenstände bezieht, innerlich zu nehmen ... Da ergab sich dann die Möglichkeit, in diese ganze Kette: [Alter] Saturn, Sonne, Mond einzudringen ...» (Steiner [13], 9. Vortrag, und auch [10] und [11]).

Es ist also ganz offensichtlich, dass die Erkenntniswege der zeitgenössischen akademischen Wissenschaft für Rudolf Steiners eigene Forschung erhebliche Bedeutung hatten!

Die Kosmologie des 19. Jahrhunderts: der Zweite Hauptsatz der Thermodynamik

Der *Zweite Hauptsatz der Thermodynamik* besagt, dass Wärme nicht von selbst, ohne zusätzlichen Energieeinsatz, von einem kälteren zu einem wärmeren Körper übergehen kann. Da aber ferner Wärme auch nie vollständig zu isolieren ist, muss es stets einen Wärmefluss von wärmeren zu kälteren Körpern geben, der im Laufe der Zeit alle räumlichen Temperaturdifferenzen ausgleicht. Daraus entstand der Begriff «Wärmetod», welcher bedeutet, dass in einem statischen Universum notwendigerweise im Laufe der Zeit alle Energie- und Wärmeübertragungsprozesse aufhören, womit aber auch alles Leben ersterben muss. Im beginnenden 20. Jahrhundert wurde dann versucht, der Konsequenz dieses grundlegenden Naturgesetzes für den Gesamtkosmos durch den Einwand zu entgehen, dass der Zweite Hauptsatz nur für «abgeschlossene physikalische Systeme» gültig sei, die als Ganzes weder Energie aufnehmen noch abgeben könnten, während das Gesamtuniversum möglicherweise kein «abgeschlossenes System» sei. Eine wirklich befriedigende Lösung des Problems war für einen statischen Gesamtkosmos jedoch nicht zu finden. (Auf eine inzwischen weit verbreitete, rein auf Zufallsstatistik beruhende Lösung, die immerhin scheinbar die Existenz des Menschen einbezieht und deshalb anthropisches Prinzip[5] genannt wird, kommen wir noch zu sprechen.)

Als Rudolf Steiner zu Beginn des 20. Jahrhunderts seine geistigen Forschungen über die Evolution von Erde und Mensch publizierte, gab es in der akademischen Wissenschaft demnach zu der Ansicht von einem – wenn auch in extrem ferner Zukunft liegenden – «Wärmetod» des Kosmos keine wirkliche Alternative – eben weil es in der wissenschaftlichen Welt weitgehend immer noch als selbstverständlich galt, ein bis auf unerhebliche lokale Abweichungen räumlich unveränderliches Universum anzunehmen, und an diesem letzten, bis zum Beginn des zwanzigsten Jahrhunderts tradierten Rest der antiken Überzeugung von der ewigen Unveränderlichkeit der Fixsternsphäre wagte – wie schon erwähnt – erstaunlicherweise zunächst nicht einmal Albert Einstein zu rütteln, dem doch sonst keinerlei wissenschaftliches Dogma heilig war!

Der Zweite Hauptsatz der Thermodynamik kann auch so formuliert werden, dass von selbst (d.h. ohne zusätzlichen Energieeinsatz) grundsätzlich in der Welt Ordnung in Chaos übergeht. Noch «physikalischer» ausgedrückt: die *Entropie* kann im Laufe der Zeit ohne zusätzlichen Energieeinsatz nur zunehmen. Formal physikalisch ist damit gemeint, dass ohne Eingriff von außen alle einzelnen Prozesse in der materiellen Welt stets so verlaufen, dass sie sich einem von Natur aus wahr-

5 «anthropisch» von griech. Anthropos = Mensch, s. auch Rudnicki (1995) [5].

scheinlicheren Gesamtzustand annähern. Im täglichen Leben finden wir überall Beispiele für dieses Naturverhalten: Ein einmal aufgeräumter Schreibtisch behält seine Ordnung nur durch die beiden Möglichkeiten: Entweder niemand arbeitet mehr an ihm, und er wird zudem sorgfältig von jeder Umweltstörung abgeschirmt (d.h. es passiert an ihm überhaupt nichts mehr), oder es muss ständig «lästige» Arbeit aufgewandt werden, um immer wieder neu Ordnung zu schaffen. Oder: Eine wunderbare Sandburg am Strand zeigt bereits nach kurzer Zeit deutliche Spuren der Auflösung, und zwar umso stärker, je kunstreicher und damit von Natur aus «unwahrscheinlicher» ihre Gestalt ist und je mehr mit ihr durch Wasser und Wind oder auch durch den Mutwillen «böser Buben» geschieht!

Dieses Naturgesetz zunehmender Unordnung dient auch der Lösung der Rätselfrage, warum die physikalische *Zeit* (anders als die Raumdimensionen) eine bestimmte, ausgezeichnete Richtung besitzt: Die Zukunft liegt immer in der Richtung eines Prozesses, in der große physikalische Gesamtheiten in einen statistisch wahrscheinlicheren Zustand übergehen. Dieser Endzustand ist allerdings nicht unbedingt ein «Chaos» im üblichen Sprachgebrauch, bedeutet er doch auf Dauer eher eine Angleichung und «Einebnung» von Zuständen. So wird das «Chaos», zu dem die herrliche Sandburg am Strand zerfällt, in der Regel auch nicht irgendeine bizarre Phantasiegestalt sein, sondern eine weitgehend ebene Sandfläche wie vor dem Burgenbau, deren Formen kaum mehr als noch die Wellen von der letzten Flut zeigen. Allerdings wird man nach genügend weiter Wanderung doch in seltenen Fällen auch auf recht bizarre Gestalten stoßen – wie etwa einen größeren Stein auf der Spitze eines Sandturmes, sodass man durchaus unsicher wird, ob es sich um eine durch Zufall natürlich entstandene Gestalt oder die Reste eines planmäßig errichteten Bauwerkes von Kindern handelt.

Wie weit diese letzte Bemerkung für das Verständnis der Evolution des Universums Bedeutung haben könnte, werden wir noch erörtern. Insgesamt aber galt es wegen des Zweiten Hauptsatzes der Thermodynamik noch bis weit ins 20. Jahrhundert hinein als unvermeidbar, dass die gegenwärtige Ordnung des Universums als Ganzem mit allem Leben, in dem wir existieren, im Laufe allerdings sehr langer Zeit in leblosen Gleichklang münden müsse. Nur für einen *nicht* statischen, veränderlichen Gesamtkosmos, der z.B. als ganzer expandierte oder kontrahierte, wäre die *scheinbare* globale Verletzung des Zweiten Hauptsatzes allenfalls eine Denkmöglichkeit gewesen, weil in diesem Fall das Universum als «offenes System» mit einer Änderung seines Energiegehaltes möglich wäre.

Spektralklassen und das Hertzsprung-Russel-Diagramm

Allerdings müssen zunächst die Jahre seit der astrophysikalischen Anwendung der Spektralanalyse und des Dopplereffektes als eine Übergangszeit angesehen werden. Seitdem es deutlich geworden war, dass die Fixsterne als heiße Gaskugeln mit irdischen Gesetzen zu behandeln sind, lag es natürlich nahe, sie auch unter dem Gesichtspunkt physikalischer Änderungs- und Entwicklungsprozesse zu betrachten. Dazu wurde zunächst ab 1890 am Harvard College Observatory (USA) von dessen Leiter Edward Charles Pickering eine zunächst noch grobe Klassifikation von über 10.000 Objektiv-Prismen-Aufnahmen von Sternen vorgenommen (s. Abb. 3). Aus der folgenden genaueren Sichtung und Aufarbeitung des Materials durch sei-

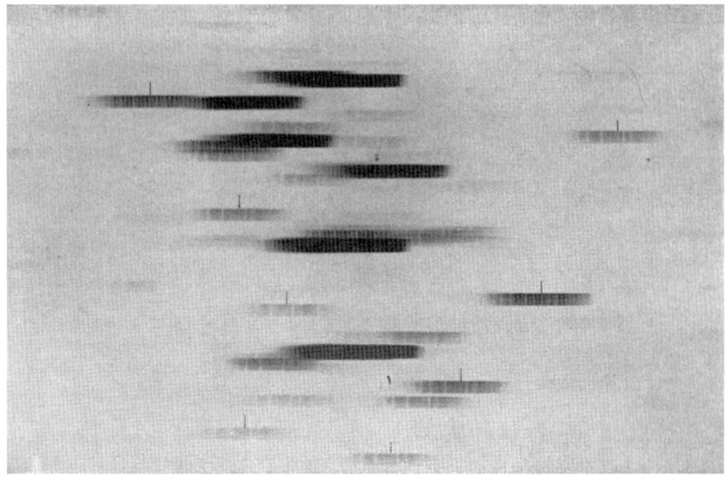

Abbildung 3: Etwa 100-jährige «Objektiv-Prismen-Aufnahme» der *Plejaden* vom Harvard Observatory, USA. Bei dieser Aufnahmetechnik ist jeder punktförmige Stern sein eigener «Spektrographenspalt», und das Licht aller Sterne fällt zuerst durch ein die gesamte Fernrohröffnung abdeckendes großes Prisma. Die Reproduktion zeigt das originale fotografische Negativ, die dunklen Fraunhoferlinien erscheinen also hell. Die violetten Seiten der Spektren sind jeweils links.

ne Mitarbeiterin Annie Jump Cannon in den folgenden Jahren entstand dann die im Wesentlichen noch heute verwendete genauere «Spektralklassifikation» der Fixsterne je nach dem Vorkommen bestimmter Fraunhoferlinien durch die Buchstaben O, B, A, F, G, K, M, die noch in jeweils zehn Unterklassen unterteilt werden, etwa A0, A1, A2, ... A9. Die Klasse O beginnt mit O5, sie ist eine später eingeführte Fortsetzung für sehr heiße Sterne. Ferner werden gelegentlich noch zwei hier nicht wichtige Nebenserien verwendet. In Abb. 4 finden sich Kopien von Originalkarten aus dem *Atlas of Stellar Spectra* des Harvard-Observatoriums, mit dem im Jahre 1943 die nach Morgan, Keenan und Kellman benannte «MKK-Klassifikation» in ihrer endgültigen Form definiert wurde.

Zur Orientierung folgt eine Kurzbeschreibung der wichtigsten Klassifikationskriterien:

O5 besonders ionisiertes He, und Linien von mehrfach ionisierten Atomen

B0 Linien des neutralen He stark, Balmerserie des Wasserstoffs

A0 maximale Stärke der Balmerserie des Wasserstoffs, dazu Fe- und ionisierte Ca-Linien

F0 Balmerserie des Wasserstoffes abnehmend, ionisiertes Ca, neutrale Metalle wie Fe

G0 (etwa Sonne!) Balmerserie mäßig, ionisiertes Ca, neutrale Metalle, Moleküle CN, CH

K0 ionisiertes Ca maximal, neutrale Metalle und Moleküle stark, große Liniendichte

M0 Bandenspektrum des TiO vorherrschend, starke Linien neutraler Metalle.

In die MKK-Klassifikation wurden auch noch Merkmale für die unterschiedliche Leuchtkraft der Sterne der verschiedenen Spektraltypen eingefügt, die auf die unterschiedliche Größe der strahlenden Sternoberfläche zurückgeführt wird (s. die letzte Karte der Abb. 4).

Das unterschiedliche Vorkommen der verschiedenen Fraunhoferlinien bedeutet an sich *keinen* Häufigkeitsunterschied verschiedener chemischer Elemente, sondern allein veränderte Temperatur- und Dichtezustände in den Sternen, die die Spektrallinien der unterschiedlichen Elemente zur Erscheinung kommen lassen. Real verschiedene Elementhäufigkeiten gibt es zwar auch, diese werden aber als spezielle spektrale Merkmale gesondert betrachtet. Die hier vorgestellte «Spektralsequenz» von O bis M ist damit zugleich eine Folge abnehmender («effektiver») Temperaturen von etwa 40.000 K bis herab zu etwa

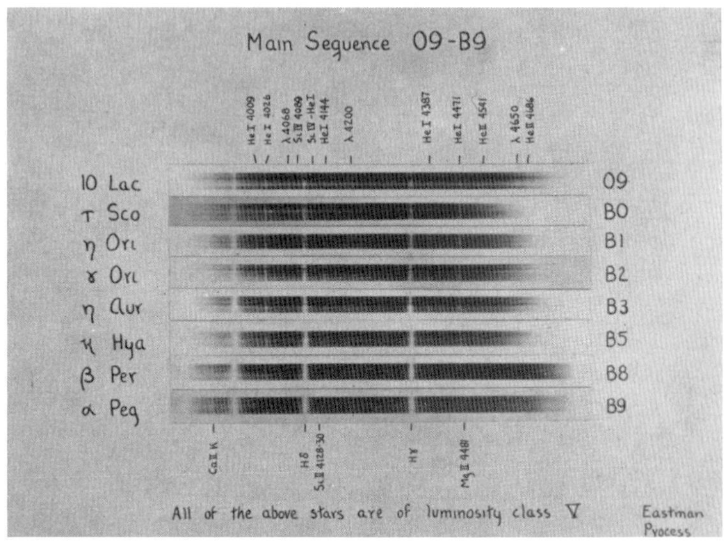

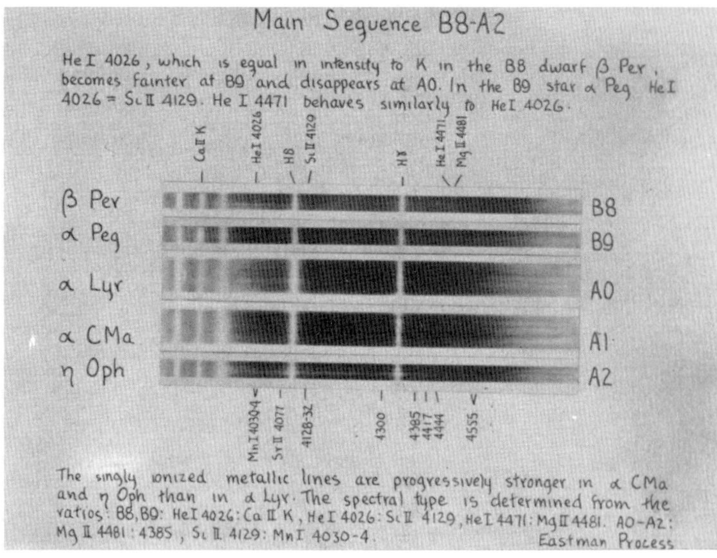

Abbildung 4: Originalkopien von vier der insgesamt 55 Sternkarten des *Atlas of Stellar Spectra*, durch den 1943 an der Harvard-Sternwarte die «MKK-Klassifikation» der Sternspektren von Morgan, Keenan und Kellman endgültig definiert wurde. Die ersten drei Karten geben die zuvor schon festgelegten Spektralklassen der «Hauptreihen»-Sterne der Leuchtkraftklasse **V** an, die zunächst aus Objektiv-Prismen-Aufnahmen

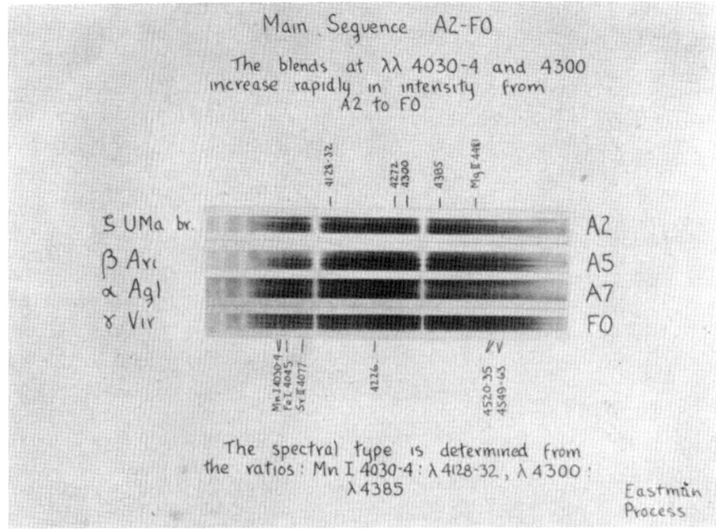

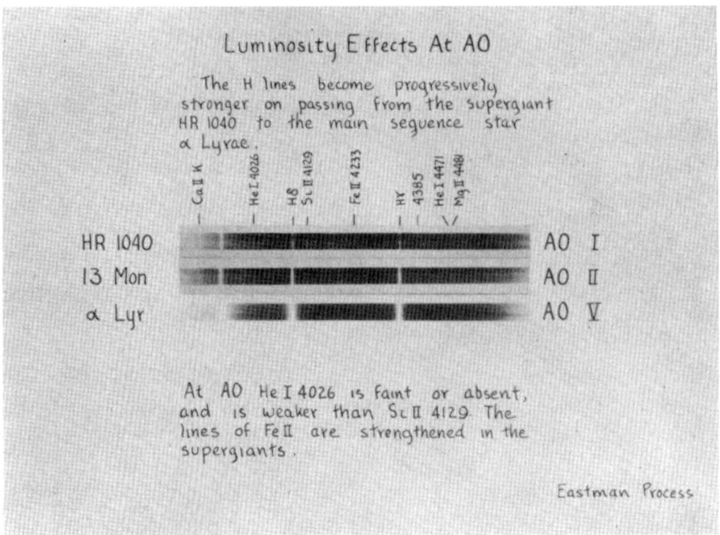

(s. Abb. 3) abgeleitet wurden, die vierte Karte zeigt für A0-Sterne die drei «Leuchtkraftklassen»: **I** (helle Überriesen), **II** (normale Überriesen), **V** (Hauptreihe, auch Zwerge genannt); man sieht, dass schwächere und kleinere Sterne (wegen ihres höheren Atmosphärendruckes) breitere Linien zeigen.

3.000 K; dabei geht die Sternfarbe von bläulich-weiß (O,B) über weiß (A,F), gelblich (F,G) bis zu rötlich (K,M) über. Unsere Sonne hat den Spektraltyp G2 und eine Effektivtemperatur von 5800 K.

Der dänische Astrophysiker Ejnar Hertzsprung (1873–1967) hatte 1905 entdeckt, dass es für gleiche Spektralklassen Sterne verschiedener Leuchtkraft geben kann, die sogenannten *Zwerg-* und *Riesensterne*, und der Amerikaner Henry Norris Russel (1877–1957) fasste dann 1913 zum ersten Mal beide Größen in dem später so genannten «*Hertzsprung-Russel-Diagramm*» (*HRD*) zusammen. In diesem wird die Leuchtkraft der Sterne durch ihre «absolute Größe»[6] gemessen, die mit der Spektralklasse in ein Diagramm eingetragen wird (Abb. 5). Hier fällt nun auf, dass die meisten Sterne, aber keineswegs alle, auf der «Hauptreihe» konzentriert sind, für gelbliche und rötliche

6 Ausgegangen wird von der «scheinbaren Größe» des Sternes *m* (= mag., magnitudo, Größe), die – bis auf moderne Präzisierungen – noch auf Hipparch (190–125 v.Chr.), den größten Astronomen der Antike, zurückgeht, der alle Sterne entsprechend unserem Sehsinn in sechs Klassen einteilte (1 mag. die hellsten, 6 mag. die schwächsten; physikalisch sind diese «Größen» ein logarithmisches Helligkeitsmaß). Die «absolute Größe» *M* ist nun diejenige «magnitudo», unter der ein Stern in der Entfernung von 10 parsec ≈ 32,59 Lichtjahre erscheinen würde.

Abbildung 5: (a) Das Hertzsprung-Russel-Diagramm von Fixsternen bekannter Spektraltypen und Entfernungen, Original-Diagramm von Russel (1927). *Abszisse:* die «Spektralklassen» (ein Maß der Oberflächentemperatur der Sterne), *Ordinate:* «absolute Größe» M_V, das sind die «visuellen» Sternenhelligkeiten auf eine einheitliche Entfernung umgerechnet. – **(b)** Schematisches Diagramm der Leuchtkräfte der Sterne (statt der absoluten Größen) über den Temperaturen (statt der Spektralklassen). Die durch die Temperatur bedingten Sternfarben sind angedeutet, die tatsächlichen Größenverhältnisse der Sterne sind in der Realität um vieles ausgeprägter als dargestellt. Der veränderliche Stern AB Doradus C ist in seiner Entwicklung im Diagramm noch nicht ganz auf der «Hauptreihe» (von oben) angekommen. ▻

-5,0
-2,5
0
+2,5
+5,0
+7,5
+10,0
+12,5
+15,0
M_V in mag
B0
A0
F0
G0
K0
M0
Spektralklasse

a

10^6
10^5
10^4
10^3
10^2
10
1
10^{-1}
10^{-2}
10^{-3}
10^{-4}
10^{-5}
Leuchtkraft (Sonne)
SUPERRIESEN
RIESEN
HAUPTREIHE
Sonne
WEISSE ZWERGE
AB Doradus C
30 000
10 000
6 000
3 000
Oberflächentemperatur (Kelvin)

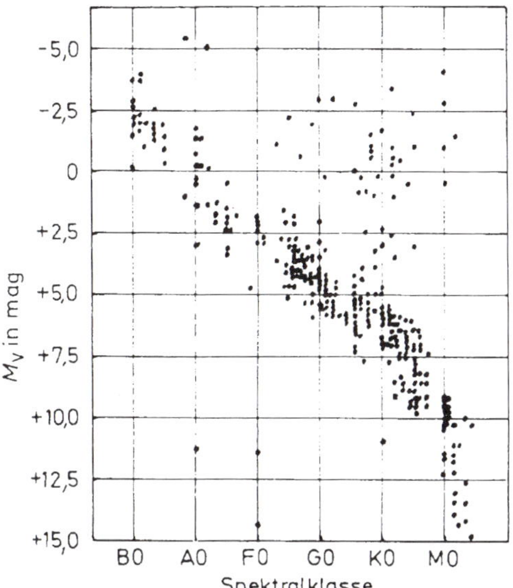

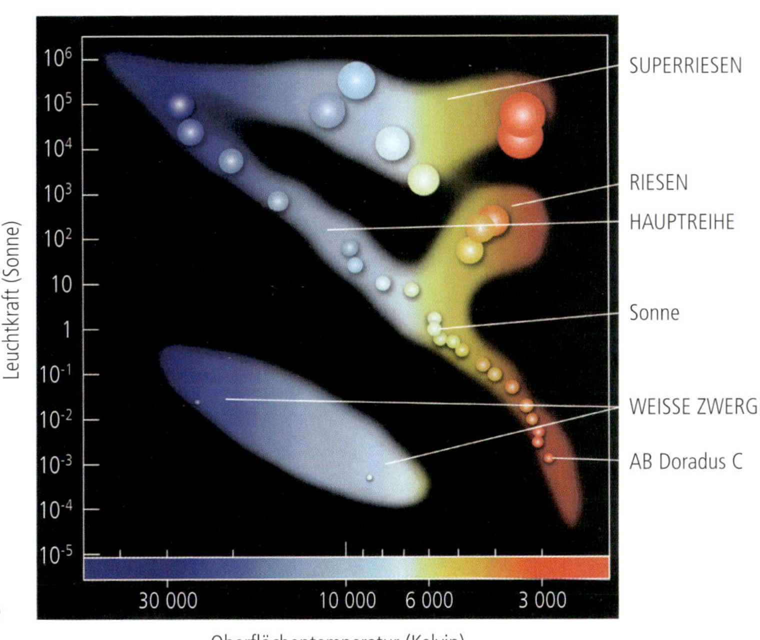

b

Farben fallen über der Hauptreihe noch die nicht so häufigen «Riesensterne» auf.

Dieser Befund wurde nun sehr bald als der Entwicklungsweg der Fixsterne gedeutet: Danach wären die sich aus dem kosmischen Raum zusammenballenden Sterne zunächst noch groß und von geringer Dichte, durch Reibung der unter ihrer eigenen Schwerkraft zusammensinkenden Materie entstünde nun aber Wärme, deren rötliches Glühen auf eine anfangs noch vergleichsweise geringe Temperatur hinwiese. Das wären dann die rötlichen Riesensterne, von denen nur wenige zu finden sind, weil sie diesen Zustand ihrer großen Oberfläche und geringen Dichte wegen schnell durchliefen. Diese Sterne würden nun bei ihrer weiteren Kontraktion ständig heißer, und wie von glühenden Körpern zu erwarten ist, müssten sie dabei zu gelblichem, weißlichem bis zu bläulich-weißlichem Leuchten übergehen. Das wäre dann der Schlusspunkt der Kontraktion am oberen Ende der Hauptreihe, wobei das Leuchten so intensiv geworden wäre, dass der Stern trotz seines jetzt erheblich kleineren Durchmessers insgesamt leuchtkräftiger wäre als die großen Riesensterne zu Beginn. Nach dem Ende seiner Kontraktionsphase kühlt der Stern dann nur noch aus, wandert die Hauptreihe nach unten und wird kühler und röter und verglimmt schließlich. Die neu entstandene «Astrophysik» führte also folgerichtig mit dem «Hertzsprung-Russel-Diagramm» (*HRD*) zu einem zwar logisch konsistenten, wenn auch nur hypothetischen Abbild des Entwicklungsweges der einzelnen Fixsterne, wobei dieser vor allem von der Gravitation bestimmt wird, die sich über Reibungskräfte in Wärme und Licht verwandelt. Es sollte nach Jahren des Zweifels bis zum Jahre 1927 und länger dauern, um zu begreifen, dass für ein wirkliches Verständnis der Fixsternentwicklung die Anwendung der Physik des 19. Jahrhunderts, die sich vor allem als Mechanik und als mechanische Wärmelehre verstand, unzureichend ist und dass die erwähnte Interpretation des Hertzsprung-Russel-Diagrammes außerdem genaueren Beobachtungen widerspricht. Erst als verschiedene *Sternhaufen* einzeln untersucht wurden, klärte sich die tatsächliche Aufeinanderfolge der Entwicklungsphasen der Sterne im HRD auf. Als Sternhaufen werden Sterngruppen bezeichnet, die nicht nur zufällig am Himmel benachbart erscheinen, sondern tatsächlich räumlich zusammengehören und damit auch annähernd gemeinsam entstanden sein dürften.[7] Den wohl bekanntesten Sternhaufen bilden die *Plejaden* im Sternbild Stier – auch *Siebengestirn* genannt.

In der Abb. 6 (S. 190) finden sich die *Farben-Helligkeits-Diagramme* zwei verschiedener Sternhaufen, die in unserem Zusammenhang wie Hertzsprung-Russel-Diagramme zu behandeln sind. Die Helligkeitsangaben an der senkrechten Koordinatenachse sind nicht direkt miteinander vergleichbar, weil sie nicht in «absolute Größen» verwandelt wurden. Beide Haufen, *Praesepe* und *M 67*, stehen im Sternbild Krebs, erste-

7 Das gemeinsame Alter eines Sternhaufens lässt sich übrigens in vielen Fällen auch aus der Analyse der Sternverteilung und Bewegungsstruktur der Haufensterne abschätzen. – Für die räumlich zusammengehörigen Sterne von Sternhaufen lassen sich die Hertzsprung-Russel-Diagramme durch die sehr viel leichter zu beobachtenden sog. Farben-Helligkeits-Diagramme ersetzen, in denen statt des *Spektraltyps* als Indikator der Sterntemperatur die *Farbe* (*FI* = Farbenindex) des Sternlichtes verwendet wird (blaues Licht = höhere, rötliches Licht = niedrigere Temperatur!). Das ist aber nur für räumlich eng benachbarte Sterne möglich, weil sonst eine Verfälschung durch die unterschiedliche Rötung des Sternlichtes (entsprechend der Rötung der untergehenden Sonne) durch den im Raum ungleichmäßig verteilten interstellaren Staub unvermeidbar wäre.

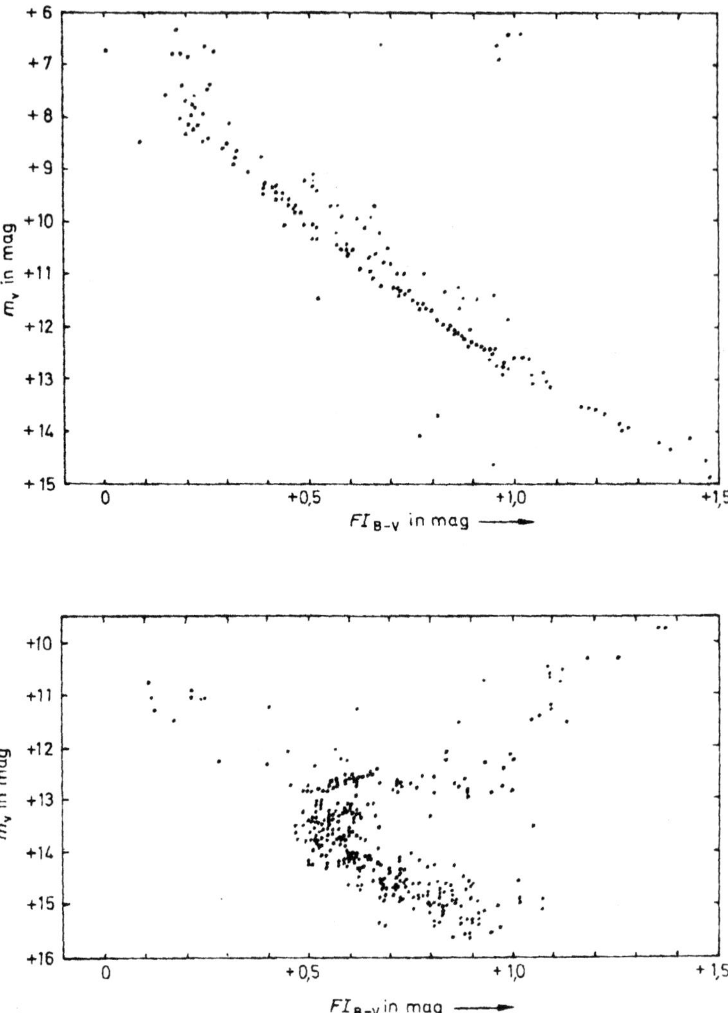

Abbildung 6: Die «Farben-Helligkeits-Diagramme» zweier «offener Sternhaufen» im Sternbild Krebs.
Oben: *Praesepe* (lateinisch: «Krippe») ist etwa 300 Millionen Jahre alt und in der Mitte des Sternbildes nordwestlich des Sternes δ als schwaches Leuchtfleckchen in dunkler Nacht mit bloßem Auge sichtbar, etwa 8° südlicher steht *M 67* (unten), etwa 4,6 Milliarden Jahre alt, mit kleinerem Fernrohr beobachtbar.

rer ist in klaren, mondlosen Nächten auch ohne Fernrohr als kleiner Nebelfleck in der Mitte des Sternbildes sichtbar. Das Alter von *Praesepe* wird mit 300 Millionen Jahren angegeben, während *M 67* mit 4,6 Milliarden Jahren ein recht alter Sternhaufen ist.

Der Vergleich beider Diagramme zeigt vor allem zwei charakteristische Unterschiede:

Erstens ist bei dem jüngeren Haufen vor allem eine lange Hauptreihe ausgeprägt, die etwa bis $FI \approx 0{,}2$ reicht – für unsere Augen wäre das eher schon ein reines Weiß. Die Hauptreihe des älteren Haufens biegt bereits bei der deutlich gelberen Farbe $FI \approx 0{,}5$ ab.

Zweitens enthält *Praesepe* eine sehr viel weniger ausgeprägte Region von Riesensternen als der ältere Haufen *M 67*. Mit diesen Ergebnissen steht jedenfalls die zuvor vorgestellte Deutung des Hertzsprung-Russel-Diagramms im Widerspruch, denn bei einem gleichzeitig entstandenen Sternhaufen, der aus Riesensternen hervorgeht, müssten *diese* im Laufe der Zeit verschwinden, während in der Realität mit zunehmendem Haufenalter der Anteil der Riesen zunimmt. Aus diesen und weiteren ähnlichen Beobachtungen lassen sich nun die folgenden Schlüsse über die Entwicklung der Fixsterne ziehen: Die «Hauptreihe» bezeichnet nach Helligkeit, Farbe und Spektraltyp den ersten und zugleich stabilsten Zustand aller Sterne, nachdem sie sich vergleichsweise sehr schnell aus dem interstellaren Medium zusammengeballt haben. Während dieses *Hauptreihenzustandes* strahlt jeder Stern mit annähernd unveränderlicher Helligkeit. Für die relativ kleinen, orange leuchtenden Sterne am unteren rechten Ende der Hauptreihe ist die Lebensdauer dieses Zustandes sogar größer als das Weltalter von mehr als zehn Milliarden Jahren, die größten, bläulich leuchtenden und sehr heißen Sterne am Hauptreihenende links oben bleiben auf dieser nur weniger als eine Million Jahre. Die Verweilzeit der Sterne auf der Hauptreihe im oberen Abknickbereich entspricht damit zugleich dem Alter des Sternhaufens. Alle Sterne, die außerhalb der Hauptreihe liegen, haben bereits den vergleichsweise schnell zurückgelegten Weg zu ihren Endzuständen begonnen. Sie werden zwar immer wieder durch Phasen mit extrem großer Helligkeit – als «Riesensterne» oder bei Sterneruptionen – unterbrochen, schließlich aber glühen sie meistens als zwar recht heiße «Weiße Zwerge» langsam aus, sind dabei aber zu klein, um ohne Fernrohr am Himmel sichtbar zu sein.[8] Selbst in dem von Russel 1927 beobachteten HRD in Abb. 5a (S. 185) gibt es erst gerade je drei sehr schwach leuchtende Weiße Zwerge und nur zwei Überriesen, weil diese ihre sehr helle Entwicklungsphase in kosmisch sehr kurzer Zeit durchlaufen!

Dieses Kapitel abschließend ist noch darauf aufmerksam zu machen, dass ohne zuvor für viele tausend Sterne aufwendige Beobachtungen von Sternspektren durchzuführen und daraus Hertzsprung-Russel-Diagramme abzuleiten, es niemals zu den durch die sehr viel einfacheren Farbmessungen zu gewinnenden Farben-Helligkeits-Diagramme mit ihren physikalischen Deutungen hätte kommen können!

8 Auch für die Betrachtung der realen Wärme- und Lichtprozesse innerhalb der Fixsterne hat Rudolf Steiner wesentliche Anregungen gegeben, die sich erst nach seinem Tod in der akademischen Wissenschaft bestätigt haben. Darüber wird in einem weiteren Aufsatz zu berichten sein (Thomas Schmidt [7]).

Die Kosmologie des 20. Jahrhunderts: Relativitätstheorien und Hubble-Expansion

Bereits 1917 hatte der Amerikaner Veto Slipper eine Liste von Messungen des Dopplereffektes an 25 Spiralnebeln präsentiert, von denen sich nur vier auf uns zu, aber 21 von uns weg bewegten. Auch als er 1924 dann insgesamt 41 Spiralnebel spektroskopisch auf einen Dopplereffekte hin untersucht hatte, gab es weiterhin nur die zuvor schon gefundenen vier Ausnahmen, die sich *nicht* von uns entfernten! Gleichzeitig beschäftigte sich der belgische katholische Priester und Astronom Georges Lemaître intensiv mit den Gleichungen von Einsteins zweiter, die kosmische Gravitationslehre betreffenden «Allgemeinen Relativitätstheorie» und stellte dabei Unklarheiten in der bis dahin ausgearbeiteten theoretischen Interpretation durch Willem de Sitter fest. 1927 (also bereits nach Rudolf Steiners Tod im Jahre 1925) war dann Lemaître der Erste, der erkannte, dass nun auch als letztes antikes Dogma die Lehre von der Unveränderlichkeit der Fixstern- bzw. Galaxienwelt aufgegeben werden müsse, um das Universum in befriedigender Weise mit Einsteins Ideen in eine Übereinstimmung zu bringen. Es sind dann nämlich die Messungen von Slipper nicht nur als die zufällige Bewegung *einzelner* entfernter Spiralnebel, sondern als eine ständige und in alle Richtungen gleiche Expansion des gesamten kosmischen Raumes anzusehen. Von Edwin Hubble wurde das durch ausgedehnte Messungen 1929 in den USA endgültig bestätigt. Zufällige Ausnahmen waren jetzt nur noch wenige Galaxien unserer kosmischen Nachbarschaft mit einer Bewegung auf uns zu.[9] Daraufhin hatte sich Albert Einstein dann selbst als

9 Derartige Ausnahmen sind durchaus zu erwarten, da das Hubble-Gesetz überhaupt erst für Fluchtgeschwindigkeiten über 500 km/sec

«größten Esel» bezeichnet, hatte er doch in die Gleichungen seiner Allgemeinen Relativitätstheorie mit Mühe eine eigentlich unnötige «kosmologische Konstante» Λ nur deshalb eingefügt, weil ohne diese eine Übereinstimmung seiner Theorie mit dem auch von ihm bis dahin als räumlich unveränderlich angesehenen Universum nicht möglich gewesen wäre!

Wir betrachten nun einige Forschungsergebnisse des 20. Jahrhunderts über die Evolution der Welt nach der Entdeckung der Expansion des Universums:

- Der Beobachtungsbefund des sogenannten *Hubbleschen Expansionsgesetzes* besagt, dass alle entfernten Galaxien im Kosmos eine Fluchtbewegung zeigen, die im gleichen Verhältnis wie ihr räumlicher Abstand von uns als Beobachter zunimmt. Dadurch konnte nun die Entfernung jeder Galaxie bestimmt werden, deren durch den Dopplereffekt gemessene Fluchtgeschwindigkeit groß genug war, um nicht durch die lokalen Zufallsbewegungen von einigen hundert km/sec erheblich verfälscht zu werden. Die räumliche Ordnung des Kosmos ist damit also bis in die größten Distanzen ableitbar, wobei sich zugleich – wegen der Begrenzung aller Lichtsignale in der Welt durch die Geschwindigkeit von 300.000 km/sec – ein Blick in die kosmische Vergangenheit auftat. Aus der gemessenen Größe der Hubble-Expansion von 70 km/sec/Mpc[10]

sicher nachweisbar ist, weil nämlich die Nachbargalaxien untereinander zusätzlich erhebliche Zufallsgeschwindigkeiten aufweisen. So bewegt sich der mit bloßem Auge im Sternbild Andromeda sichtbare, etwa 2,5 Millionen Lichtjahre entfernte Spiralnebel nicht von uns weg, sondern mit etwa 300 km/sec auf uns zu!

10 1 Mpc (Mega-Parallaxen-Sekunde) ist die Entfernungseinheit für Galaxien. 1 Mpc = 10^6 pc. 1 pc (Parallaxen-Sekunde) = 3,26 Lj (Lichtjahre) = $3{,}086.10^{13}$ km ist die Distanz, in der der mittlere Erd-Sonnen-

lässt sich zudem ableiten, dass die Expansion des Universums, von dem uns Licht erreicht, vor etwas mehr als 10 Milliarden Jahren, dem sogenannten *Weltalter,* ihren Anfang genommen haben muss, falls die Expansionsgeschwindigkeit immer gleich war. Das ist zwar keinesfalls wirklich geklärt, aber der Zahlenwert des Weltalters dürfte doch *ungefähr* korrekt sein.

• Im Jahre 1965 wurde ferner entdeckt, dass der gesamte Kosmos völlig gleichmäßig, d.h. *isotrop* und *homogen,* von einer Strahlung erfüllt ist, die einer «Wärme»-Strahlung (eigentlich besser «Kälte»-Strahlung) von 3 Kelvin (oder −270 °C) entspricht und im Bereich der Mikrowellenstrahlung nachweisbar ist. Wegen der gleichmäßigen Raumerfüllung durch diese «kosmische Hintergrundstrahlung» ist diese einerseits gleichzeitig unterschiedslos überall im Kosmos mit der auf der Erde messbaren Intensität beobachtbar, ohne ihr irgendeinen bestimmten Ort im kosmischen Raum zuschreiben zu können. Andererseits kann sie aber auch als Relikt einer durch die ständige Expansion «abgekühlten» Wärmestrahlung angesehen werden, in deren ungeheurer Hitze und Anfangsintensität sich der uns zugängliche Kosmos vor unvorstellbaren etwa 10 Milliarden Jahren gebildet hat. Diese «Wärme» hat damals das ganze Universum in einer so gewaltigen Intensität und Dichte erfüllt, dass sie eine kompakte, undurchsichtige Einheit gebildet haben musste, ohne dass schon irgendwel-

Abstand als Winkel von einer Bogensekunde erscheint. Der Wert 70 km/sec/Mpc bedeutet, dass sich die Expansionsgeschwindigkeit des Raumes für jede Entfernungszunahme von 1 Mpc um 70 km/sec vergrößert. Diese völlig jenseits jeder Vorstellbarkeit liegenden Zahlen zeigen nochmals deutlich, wie ihre einzige «Gedankengeste» darin besteht, dass zunehmende Abstraktion das entscheidende «physikalische» Maß kosmischer Distanzen zu sein scheint (s. auch Schmidt [6], S. 330-362)!

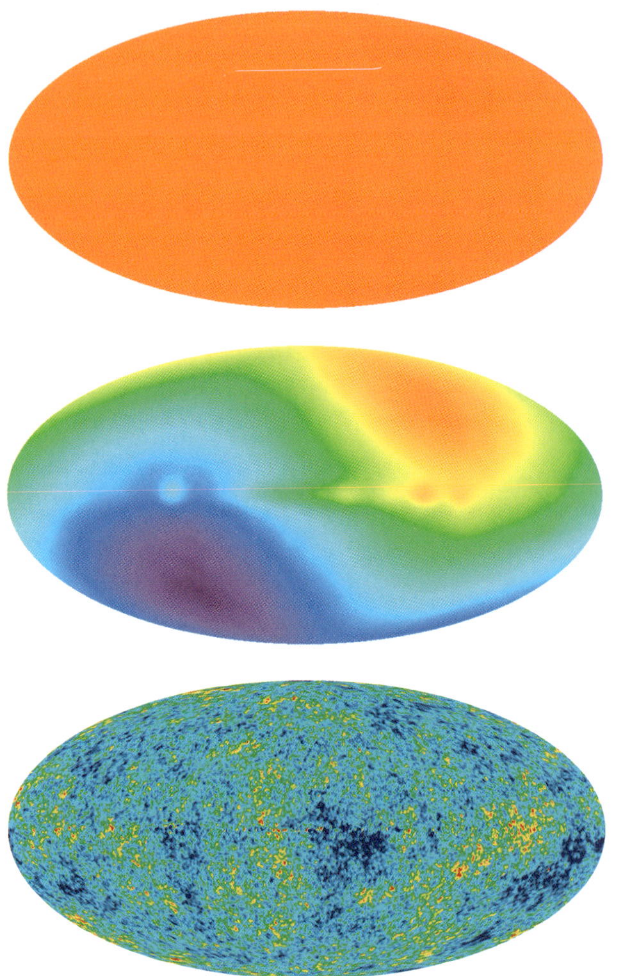

Abbildung 7: Die kosmische Hintergrundstrahlung von 2,7 K (etwa –270°C).

Oben: Die Messungen der Strahlung selbst ist die genaueste je gemessene «Planck-sche Strahlungskurve» überhaupt, T = 2,728 K über dem absoluten Nullpunkt in allen Raumrichtungen.

Mitte: Die Abweichungen von dem Mittelwert des oberen Bildes von maximal ΔT = 0,00353 K (= 1,29%) entsprechen dem Dopplereffekt von 390 km/sec auf den «Virgo-Galaxienhaufen» im Sternbild Jungfrau zu.

Unten: Wenn auch noch die Strahlungsdifferenzen des mittleren Bildes abgezogen werden, bleibt eine körnige Struktur von maximal 0,000 018 K (weniger als 0,001%) übrig.

che räumlichen, stofflich-materiellen Eigenschaften bedeutsam gewesen wären. Nur bei extremer Messgenauigkeit zeigt diese gleich verteilte Reliktstrahlung des Weltbeginns eine feine, unregelmäßige «Körnigkeit» von weniger als einem Tausendstel Prozent (s. Abb. 7). In dieser winzigen «Körnigkeit» werden «Keime» der späteren, individuellen Sternsysteme im Universum gesehen.

• Als sich diese Urwärme des Universums durch die ständige kosmische Expansion genügend abgekühlt hatte, trat die erste gasförmige Urmaterie in Erscheinung und begann sich zu leuchtenden Fixsternen zusammenzuballen. Aus der Spektralanalyse immer noch vorhandener Sterne aus dieser Urzeit ist bekannt, dass deren aus dem anfänglichen Strahlungskosmos kondensierte Urmaterie zu etwa 75 Prozent aus *Wasserstoff* (mit einem geringen Anteil des schweren Wasserstoffes «Deuterium») und zu 25 Prozent aus *Helium* bestanden hat. Andere chemische Elemente gab es zunächst fast noch nicht.[11] Die Materie im Weltall vor der Entstehung der Fixsterne bestand damit im Wesentlichen aus den beiden leichtesten und flüchtigsten chemischen Elementen, die im Kosmos nur als Gase vorkommen und zwischen denen chemische Reaktionen und Verbindungen unmöglich sind (wenn einmal von dem theoretisch möglichen molekularen Wasserstoff H_2 abgesehen wird), denn mit dem Edelgas Helium sind bekanntlich chemische Reaktio-

11 Es ist anzunehmen, dass zunächst an «üblicher», sog. *baryonischer* Materie im ursprünglichen Strahlungskosmos tatsächlich nur die Protonen (d.h. Wasserstoff-Ionen) und Neutronen wirksam werden, aus denen dann aber vor der Entstehung der ersten Fixsterne auch bereits Deuterium (schwerer Wasserstoff) und *Helium* und in sehr geringen Mengen auch noch die Leichtmetalle *Lithium* und *Beryllium* entstehen; die beiden letzteren zerfielen dann allerdings bis auf winzige Spuren wieder.

nen unmöglich. Diese beiden kosmischen Urelemente sind von allen chemischen Elementen die wärmeverwandtesten, in denen nämlich noch die meiste kosmische Urwärme gebunden ist. Und diese strahlt dann als Licht der auch gegenwärtig noch leuchtenden Fixsterne der «ersten Generation» in die Welt, nun jedoch nicht mehr als überall gleiche «isotrope» Strahlung, sondern an individuell feststellbaren Raumpositionen, ausgehend von räumlich abgesonderten Wärme- und Lichtzentren, nämlich den Fixsternen.

• In einer dritten Phase der kosmischen Evolution mischten sich dann die schwereren chemischen Elemente von Kohlenstoff bis zum Eisen unter die Substanzen des Universums, zwar nur als kleine, aber für die Weiterentwicklung des materiellen Kosmos äußerst wichtige Beimengungen. Sie entstehen nach den Kenntnissen von der Sternentwicklung stufenweise innerhalb aller selbstleuchtenden Fixsterne, deren Lichtstrahlung nämlich auf Kernverschmelzungsprozesse im Sterninnern zurückgeführt wird. Dadurch wird weiter in den chemischen Elementen noch verborgene latente Urwärme vom Weltanfang als Eigenlicht und Wärmeenergie freigesetzt. Als materielles Ergebnis dieser Verschmelzungsprozesse entstehen, ausgehend vom *Wasserstoff* über *Helium* und *Kohlenstoff,* nach und nach alle chemischen Elemente bis zum *Eisen.* Das Eisen enthält nämlich keinerlei überschüssige Urwärme mehr, es ist damit der «materiellste» aller Stoffe und nicht mehr in der Lage, auf die beschriebene Weise weiteres Sternenlicht hervorzubringen. Mit der Eisenbildung, zu der es nur in besonders großen Fixsternen kommt, endet deren Entwicklung in gewaltigen *Supernovaexplosionen,* bei denen der ganze Stern auseinandergerissen wird und seine bis dahin gebildeten Substanzen sich in den «interstellaren Raum» ergießen, um dort neue Fixsterne zu bilden. Mit den so

Abbildung 8: 90 Minuten belichtetes Foto des *Großen Orionnebels* in der Region der «Schwertsterne». Für den nördlichen Sternhimmel ist es der einzige Gasnebel, der als diffuser Fleck mit bloßem Auge erkennbar ist; sein Leuchten wird von heißen, jungen Sternen angeregt. Die Seitenlänge der Abbildung am Himmel beträgt knapp ein Grad. Die roten Nebelteile sind vor allem auf die rote Emissionslinie des interstellaren Wasserstoffes zurückzuführen, dazwischen sind «Dunkelwolken» aus interstellarem Staub zu sehen, bevorzugte Orte neu entstehender Fixsterne. Von Sternenlicht beleuchteter Staub leuchtet bläulich. Das Nebelleuchten ist so schwach, dass es selbst im Fernrohr dem Auge farblos erscheint. Alle Sterne sind «Punktlichter», ihre scheinbare Ausdehnung beruht allein auf optischer Beugung im Fernrohr.

Abbildung 9: Farbfotografie des Wintersternbildes *Orion*. Die Höhe der Abbildung beträgt etwa 20° oder eine gespreizte Handbreite am ausgestreckten Arm. In der Mitte des «Orionschwertes» ist der «Große Orionnebel» deutlich zu erkennen. Sein Licht ist, wie das der meisten Sterne, zu schwach, um selbst im Fernrohr anders als farblos wahrgenommen zu werden. Deutlich wahrnehmbar sind jedoch die Farben der beiden Hauptsterne, *Beteigeuze*, links oben (rötlicher M2-Überriese), und *Rigel*, rechts unten (bläulicher B8-Überriese). Fixsterne sind für uns nur Punktlichter, die kreisförmigen «Nebelschleier» um die hellen Sterne verursacht die Fernrohroptik.

entstandenen Elementen sind dann auch vielfältige chemische Prozesse im Kosmos möglich, aus denen Verbindungen entstehen, deren «Leuchtspur» durch die Spektralanalyse von der Erde aus in den zwar nur schwach leuchtenden, aber eindrucksvollen, dynamisch gestalteten Gasnebeln überall innerhalb des Milchstraßenbandes zu beobachten ist. Durch die Entstehung des *Kohlenstoffes* ist im Kosmos nun auch die stoffliche Voraussetzung für organisch-chemische Vorgänge geschaffen. Außerdem vermögen die so gebildeten Substanzen bis zu Festkörpern zu kondensieren, die in die Gasnebel eingelagerte Staub- und Dunkelnebel bilden (Abb. 8), aus denen nun aber auch Fixsternplaneten mit flüssigen und festen Oberflächen entstehen können. Als weitere «Evolutionsgeste» und Schlusspunkt dieser Stufe ist beachtenswert, dass erstmals chemische Elemente wichtig werden, die nicht mehr aus der kosmischen Urwärme stammen, sondern erst in den Fixsternprozessen des nächsten kosmischen Evolutionsschrittes gebildet wurden, der nun noch zu besprechen ist.

• In dieser vierten Evolutionsphase kommen nämlich schließlich die chemischen Elemente, die schwerer als Eisen sind, in die Welt, denen unsere mineralische Erdenwelt einerseits alle Edelmetalle und einen erheblichen Anteil an ihrer Farbenschönheit verdankt, andererseits werden aber durch die ebenfalls in dieser Phase gebildeten radioaktiven Substanzen *Uran* und *Thorium* auch Zerstörungskräfte und Wärme in das Innere von Planeten gebracht. In all diesen Elementen, die schwerer als Eisen sind, ist keinerlei «latente Urwärme» mehr enthalten; sie benötigen im Gegenteil zu ihrer Bildung die Energiezuführung von außen, die den erwähnten gewaltigen *Supernovaexplosionen* «sterbender» Riesensterne entstammt. Die radioaktive Zerfallswärme von *Uran, Thorium* und den daraus entstehenden strahlenden Sekundärelementen, etwa *Radium,* ist übrigens die einzige irdische Wärmequelle, die ihren Ursprung weder direkt noch indirekt unserer Sonne verdankt. Sie ist auch eine der wesentlichsten Ursachen für die immer noch vorhandene innere Dynamik unseres Erdkörpers und die noch weiterwirkende Modellierung der Erdoberfläche durch langsame, erst in Jahrtausenden wirksame Zirkulation von Substanzströmen im Erdmantel, sie führt so in der Erdgeschichte zu den Kontinentalverschiebungen und damit auch zur Bildung von Gebirgen auf dem Land und den Ozeanböden, einschließlich aller geologischer Bruchzonen und Tiefseegräben.

Den zurückbleibenden Sternschlacken der Supernovae fehlt dagegen nun die aus der «Kernfusion» entstehende intensive Eigenwärme, die in den Fixsternen der Schwerkraft entgegenwirkt, sodass sie unter ihrer eigenen Gravitation kollabieren müssen. Größere Sterne enden dann als «Neutronensterne», die aus Materie der Dichte von Atomkernen bestehen sollen und nur etwa 10 km Durchmesser besitzen. Bei besonders schweren Sternen kann der Kollaps so gewaltig sein, dass sich der Sternrest vollständig aus dem räumlichen Umkreis in eine Region reiner Schwerkraft hineinisoliert, ohne dass noch Materie oder Licht irgendwelcher Art nach außen gelangen kann. Man nennt diese Gebilde «schwarze Löcher», weil hier nur ein bis auf die gewaltige Gravitationsanziehung fast völlig qualitätsloses, dunkles «Etwas» übrig bleibt. Das zuerst beobachtete schwarze Loch im Sternbild *Schwan* konnte nur dadurch identifiziert werden, dass um ein unsichtbares Zentrum Bewegungen von Sternen festgestellt wurden, für die sich außer extrem hoher Gravitation keinerlei Ursachen finden ließen.

Geisteswissenschaftliche Forschung Rudolf Steiners zur Evolution des Kosmos

Zu der damals herrschenden allgemeinen wissenschaftlichen Ansicht über die kosmische Evolution standen Rudolf Steiners geistige Forschungsergebnisse, die er 1910 und 1911 in seinem Buch *Die Geheimwissenschaft im Umriss* [10] und in seinen Vorträgen *Die Evolution vom Gesichtspunkte des Wahrhaftigen* [11] publiziert hatte, im Widerspruch. Vor allem in letzteren, die sich an das unmittelbare menschliche Miterleben wenden, kommt das besonders deutlich zum Ausdruck. Steiner gliedert die vergangene kosmische Evolution bis zur Gegenwart in vier Stufen, die als *Alter Saturn, Alte Sonne, Alter Mond* und die gegenwärtige *Erde* bezeichnet werden. Ohne auf Einzelheiten oder die verwendeten Namen besonders einzugehen, seien einige Passagen aus diesen Vorträgen hier teils zitiert und teils zusammengefasst wiedergegeben, soweit sie vor allem den physisch-äußeren Aspekt der von Steiner beschriebenen Evolution der Welt betreffen.

• Im ersten Vortrag, der vom *Alten Saturn* handelt, wendet sich Steiner zunächst gegen das Vorurteil, man habe sich doch «nicht um diese uralten Dinge zu kümmern, denn man hat doch genügend zu tun mit dem, was gegenwärtig vorgeht». Er fährt dann fort: «Es wäre sehr unrichtig, so zu sprechen. Denn, was einmal vorgegangen ist, das vollzieht sich heute noch fortwährend. Was sich in der Saturnzeit abgespielt hat, das ist nicht bloß dazumal gewesen, sondern das geht heute noch vor, nur wird es überdeckt, unsichtbar gemacht durch das, was heute äußerlich um den Menschen auf dem physischen Plan ist. ... Aber es geht den Menschen noch etwas an, heute noch, das alte Saturndasein.» Wie wir versuchen können, zu diesem Anfang der Evolution einen Zugang zu finden, fasst Steiner so zusammen: «Ohne diese zwei Grundstimmungen, Schauder und Furcht vor der unendlichen Leere des Daseins und der Überwindung dieser Furcht, kann man überhaupt keine Ahnung empfinden von dem, was unserem Weltendasein als das alte Saturndasein zugrunde liegt.» In dieser Welt der unendlichen Leere gibt es zunächst weder irgendeine physische Stofflichkeit, noch existieren Zeit oder Raum. Vorhanden ist allein eine Region geistiger Wesen, die Steiner «Geister des Willens» (in der christlichen Esoterik die «Throne») nennt und die «ein wogendes Meer des Mutes» bilden. «Denken Sie sich getaucht in das Meer, aber ... jetzt nicht von Wasser, sondern in einem ... Meere von flutendem Mute, flutender Energie! Das ist nicht etwa bloß ein gleichgültiges, undifferenziertes Meer, sondern alle Möglichkeiten und Unterschiedlichkeiten dessen, was man bezeichnen kann mit dem Gefühl des Mutes, tritt uns da entgegen. ... Das ist zunächst Saturn.» Und da entsteht jetzt der erste Anfang von physischer Welt, indem die Geister des Willens ihre Mutsubstanz einer noch höheren göttlichen Welt zum Opfer bringen. Dadurch «wird die *Zeit* geboren». Und «gleichsam der Opferrauch der Throne, der die Zeit gebiert, ist das, was wir die *Wärme* des Saturn nennen».

Der *Raum* hat in dieser Welt noch keinerlei Bedeutung, nur die ersten Keime der zukünftigen Raumdinge sind als unräumlich-undifferenzierter, aber sich in der *Zeit* entwickelnder Wärmekosmos vorhanden. Dazu schildert Steiner in seiner *Geheimwissenschaft im Umriss* ([10], S. 163), wie in dieser an sich noch raumlosen Saturnwelt bereits die zukünftige Individualisierung der Weltwesen keimhaft vorgebildet ist: «Man stelle sich, um ein Bild zu haben, eine Maulbeere oder eine

Brombeere vor, wie diese aus einzelnen Beerchen zusammengefügt ist. So ist der Saturn … zusammengefügt aus einzelnen Saturnwesen, die allerdings nicht Eigenleben und Eigenseele haben …»[12] Außerdem hatte Steiner ([10], S. 157) noch darauf hingewiesen, dass er im Gegensatz zur üblichen Physik, welche Wärme nur als Körpereigenschaft gelten ließe, auch von reiner Wärmesubstanz sprechen müsse. Dieser Widerspruch existiert allerdings für die heutige Physik nicht mehr. Zwar ist die Wärme weiterhin als *Eigenschaft* von warmen Körpern anerkannt, außerdem aber existiert die strahlende Wärme-*Substanz* auch ohne Bindung an feste, flüssige und gasförmige Körper frei im sonst materiefreien Raum. Sie ist in jedem evakuierten, aber von heißen Wänden begrenzten Gefäß vorhanden, aber eben auch in dem von der erwähnten «kosmischen Hintergrundstrahlung» erfüllten Universum zu finden. Gegenüber den materiell kompakteren, schon aus der Antike bekannten Elementen *Erde, Wasser* und *Luft* (in moderner Formulierung: den Aggregatzuständen *fest, flüssig und gasförmig*) zeigt das Element *Wärme* weitere Besonderheiten: Erstens verdünnt sie sich bei einer Volumenvergrößerung besonders stark, nämlich mit der *vierten Potenz* des Radius und nicht mit der *dritten* Potenz wie die Gase.[13] Ferner ist Wärme grundsätzlich nicht

12 Mit der Wortwahl «Maulbeere» (= morula) hat sich Steiner vermutlich an Ernst Haeckel orientiert, der diese Bezeichnung für die Frühentwicklung niederster Tiere eingeführt hatte. Das kann als ein konkretes Beispiel für die zu Beginn dieses Aufsatzes erwähnte Bedeutung von Haeckels Arbeiten für Steiners eigene kosmologische Forschungen gelten.

13 Die Dimensionalität des «Wärmeraumes» entspricht in der projektiven Geometrie der Vierdimensionalität des Strahlenraumes, der zwischen dem zueinander polaren dreidimensionalen Punkt- und Ebenenraum steht.

von ihrer Umgebung abtrennbar, sie durchdringt jeden leeren wie auch mit Materie erfüllten Raum. Selbst das leichteste Gas Wasserstoff kann in gut verschlossenen Flaschen gelagert werden, aber Wärme entweicht nach einiger Zeit auch aus der besten Thermoskanne. Die Wärme existiert – anders als die übrigen «Elemente» – zugleich als Substanz und als Zusammenhänge schaffender Prozess.

• Im zweiten der erwähnten Vorträge entwickelt Rudolf Steiner die Prozesse während des zweiten Evolutionszustandes, der *Alten Sonne.* Andere hierarchische Wesen, die «Geister der Weisheit» (die «Kyriotetes» der christlichen Esoterik), schenken einen Teil ihres Wesens der Welt, das zu dem ersten rein physisch-stofflichen Element, der Luft, wird und aus dem Umkreis der Welt verwandelt zurückstrahlt: «Ihr eigenes Wesen wurde … zum Geschenk an den Makrokosmos … Jetzt strahlt es zurück: ihr eigenes Wesen tritt ihnen von außen entgegen. Sie sehen ihr eigenes Inneres in die Welt verteilt und widergestrahlt von außen als *Licht*, als die Widerspiegelung ihres eigenen Wesens. – Inneres und Äußeres sind die zwei Gegensätze, die uns jetzt entgegentreten. Das Frühere und Spätere verwandelt sich und wird so, dass es sich verwandelt in Inneres und Äußeres. Der *Raum* ist geboren! Durch die schenkende Tugend der Geister der Weisheit entsteht der Raum auf der alten Sonne, … aber zunächst nur Äußeres und Inneres.» Das physische *Luftelement* und in der Dualität dazu der den Raum repräsentierende *Lichtäther* treten während dieser zweiten Evolutionsstufe zu der einheitlichen physisch-ätherischen *Wärme* und der *Zeit* hinzu.[14]

14 Die Beziehung der vier «Elemente» mit den vier «Ätherarten» wurden nach Anregungen Steiners besonders von den verschiedenen Autoren eines von J. Bockemühl herausgegebenen Buches [1]

• Im dritten und vierten Vortrag schildert Steiner die dritte große kosmische Evolutionsstufe, den *Alten Mond.* Um wirklich Neues in der Entwicklung zu ermöglichen, müssen nun hemmende geistige Kräfte im Kosmos wirksam werden, die mit der seelischen Stimmung von *Resignation* und *Verzicht* zu charakterisieren sind. In dem weltschöpfenden Opfer der «Geister des Willens» tritt eine Trennung ein: Neben den Strömen von Opfern, die angenommen werden, sind nun auch solche, die nicht angenommen werden. Dieses Trennungsprinzip kennen wir für die Erdenzeit aus dem biblischen Mythos der Opfer von Kain und Abel; im Kosmos des *Alten Mondes* entstanden daraus Stauungen und Verdichtungen: Zu der den Raum ausfüllenden Luft kommt das Element des *Flüssigen,* zu dem immer auch Oberflächen, Rückspiegelungen und Begrenzungen gehören. Nach der Entstehung von Zeit und Raum wird jetzt die Verbindung von beiden, *Veränderung* und *Bewegung,* zu den treibenden Kräften des Kosmos, die zusammen mit der verdichteten Stofflichkeit eine Welt von flutenden Farben und Bildern erzeugen. Vielleicht können wir den in der Natur weiterwirkenden Rest des Alten Mondes unter anderem in den sehnsuchtsvollen Naturstimmungen am Meer erleben – farbgewaltig und bewegt gestaltet etwa von dem Maler Emil Nolde.

• Als letzte Evolutionsstufe stellt Steiner im fünften und letzten Vortrag der *Evolution vom Gesichtspunkte des Wahrhaftigen* die besonderen Aspekte der vierten, gegenwärtigen Entwicklungsstufe, den Erdenzustand, dar. Der dreidimensionale Gegenstandsraum ist entstanden, in dem die festen Kör-

ausgearbeitet. Das Element *Wärme* zeigt sich zugleich als *Wärmeäther,* auf der nächsten Stufe der materiellen Verdichtung treten das Element *Luft* und das *Licht* bzw. der *Lichtäther* auseinander.

per, die sich aus der Urwärme des Alten Saturns kondensiert haben, kontaktlos nebeneinanderstehen. «Wir haben dadurch Wesen, denen in ihrer Substanzialität die Fremdheit von seinem Ursprung aufgedrückt ist ... Das ist der Tod! ... Und der Tod in seiner wahren Bedeutung ist nichts anderes als die Eigenschaft von Wesensinhalten, ... die ausgeschlossen von ihrem wahren Orte sind.» «Der Mensch aber hat sich auf dem physischen Plan sein Ich-Bewusstsein zu holen. Das könnte er ohne den Tod nicht finden.» Und auch die Möglichkeit zur *Freiheit* ist dem Menschen nur auf der Erde dadurch gegeben, dass er dort stets dem Tod und der Deplatzierung von seinem geistigen Ursprung ausgesetzt ist. Dabei gilt auf dieser Erde «die große okkulte Wahrheit: Innerhalb der Welt der Maja ist das einzige, das sich in seiner Wirklichkeit zeigt, der Tod!»[15]

In seiner *Geheimwissenschaft im Umriss* schildert Rudolf Steiner für die kommende Evolution noch ein besonderes Detail: Auf der *Venus,* der Erde in ihrem übernächsten kosmischen Entwicklungszustand, spaltet sich «ein besonderer Weltenkörper heraus, der alles an Wesen enthält, was der Entwicklung widerstrebt hat, gleichsam ein *unverbesserlicher Mond,* der nun einer Entwicklung entgegengeht mit einem Charakter, wofür ein Ausdruck nicht möglich ist, weil er zu unähnlich ist allem, was der Mensch auf Erden erleben kann.»

Ferner ist noch zu ergänzen, dass nach Steiners Darstellungen die geschilderten verschiedenen planetarischen Evolutionsstufen jeweils durch länger dauernde Zustände eines «Entwicklungsschlafes» getrennt sind, auch «Pralaya» ge-

15 Diesem bedeutsamen Aspekt der Erdenstufe innerhalb der kosmischen Evolution genauer nachzugehen ist als eine Aufgabe weiterer anthroposophischer Forschung anzusehen.

nannt. Das wird in der *Geheimwissenschaft im Umriss* kurz, aber eindringlich und am deutlichsten für den Übergang zwischen «Alter Sonne» und «Altem Mond» beschrieben: «Es tritt eine große Ruhepause ein, wie eine solche zwischen der Saturn- und Sonnenentwicklung war. Alles, was sich auf der Sonne ausgebildet hat, geht in einen Zustand über, der sich mit dem der Pflanze vergleichen lässt, wenn deren Wachstumskräfte im Samen ruhen ... Während der Pause [gestaltet sich] nun dasjenige, was erst ... vorbereitet worden ist, zur wirklichen Fähigkeit um.»(Steiner [10], S. 185 f).

Vergleich astrophysikalischer und anthroposophischer Kosmologievorstellungen

Vergleichen wir die hier vorgestellten verschiedenen Vorstellungen über die kosmologische Evolution miteinander, so fällt auf, dass ihr gegenwärtiger wissenschaftlicher Kenntnisstand der allgemeinen Gültigkeit des Zweiten Hauptsatzes der Thermodynamik widerspricht. Wir befinden uns nämlich offensichtlich in einer Welt höchst komplizierter Ordnungen, die aus einem Ursprung energetischer Gleichverteilung mit kaum angedeuteter Strukturen entstanden, wie sie eigentlich nur für den Endzustand einer Entwicklung zu erwarten sind. Erstaunlich muss es da erscheinen, dass die Grundgesten der Evolution, wie sie seit 1930 durch die theoretische und die beobachtende Astronomie gefunden wurden, zwar den Forschungsergebnissen Rudolf Steiners von 1910, keinesfalls aber den zu dieser Zeit noch gültigen wissenschaftlichen Anschauungen entsprechen. Natürlich ist das moderne wissenschaftliche Weltbild keineswegs äußerlich dasselbe, wie es

Steiner uns in seinen Büchern und Vorträgen entwirft, aber die Grundgedanken der verschiedenen Evolutionsstufen zeigen doch eine erstaunliche Parallelität: Der Charakter des *Alten Saturn* findet sich in dem isotropen Strahlungskosmos des Anfangs wieder, einschließlich der erwähnten keimhaften, statistisch-chaotischen Körnigkeit, die Grundgeste der *Alten Sonne* findet sich in der vom Licht durchfluteten räumlichen Ordnung der Fixsterne, die aus der chemielosen, grundsätzlich gasförmigen Urmaterie entstanden sind, der *Alte Mond* zeigt sich in der bewegten, vielfältigen Welt der Gas-, Molekül- und Dunkelnebel mit ihren mannigfaltigen chemischen Prozessen, sowie in planetenartigen, Fixsterne umkreisenden Gebilden, die zunehmend gefunden werden. Und auch die von Steiner für die *Erde* geschilderte Geste des Todes und des vom Umkreis abgetrennten Festkörpers kommt in der Welt der Astronomen vor – bis hin zu dem völlig aus dem Weltzusammenhang herausfallenden «unverbesserlichen Mond» Steiners und den «schwarzen Löchern» im astrophysikalischen Universum. Das Bild eines «schwarzen Loches» drängt sich als besonders gefährliches Zukunftsbild geradezu auf, wenn man aus den letzten Lebensmonaten Rudolf Steiners von der «Imagination Ahrimans» in seinem Mitgliederbrief «Die Weltgedanken im Wirken Michaels und im Wirken Ahrimans» ([14], 16.11.1924) liest: Ahriman «möchte in seinem Gange aus der Zeit den Raum erobern; er hat Finsternis um sich; … er bewegt sich als Welt, die sich ganz in *ein* Wesen, das eigene, zusammenzieht, in dem er sich selber nur bejaht durch Verneinung der Welt; er bewegt sich, wie wenn er die unheimlichen Kräfte finsterer Höhlen der Erde mit sich führte.»

Auch die von Steiner geschilderten «großen Ruhepausen»

zwischen den kosmischen Entwicklungsstufen finden in den Gedankengesten der astrophysikalischen Kosmologie ein Abbild: Wenn festgestellt wurde, dass bereits die den Kosmos homogen und isotrop erfüllende kosmische Hintergrundstrahlung des Urzustandes der Welt von einer schwachen «Körnigkeit» überlagert ist, aus der dann im folgenden Weltzustand individuelle Sternsysteme werden, so liegt dazwischen tatsächlich eine fundamentale «Entwicklungsruhe», während derer der zunächst undurchdringliche, einheitliche «Wärmekosmos» in den Hintergrund tritt und durchsichtig wird, sodass individuelle gasförmige Gebilde überhaupt erst zu einer individuellen Existenz als Sternsysteme und Sterne kommen können.[16] – Die «große Ruhepause» zwischen den nächsten beiden Evolutionsstufen der «Alten Sonne» und des «Alten Mondes» zeigt sich in der astrophysikalischen Betrachtung dann darin, dass die zu chemischen Reaktionen fähigen Elemente im Sterninnern der ersten Sterngeneration zunächst «erbrütet» werden müssen und diese von ihren «Muttersternen» am Ende ihrer Entwicklung erst viel später in den interstellaren Raum freigegeben werden, um dann nochmals irgendwann später die typischen leuchtenden und dunklen Nebel- und Wolkengebilde der nächsten kosmischen Entwicklungsphase entstehen zu lassen.

16 Im Sinne unserer auf die «Gestensprache wissenschaftlicher Gedankenwege» gerichteten Betrachtungen dürfen allerdings auch die kosmischen Zeitintervalle nicht in der heute üblichen Weise durch einen stets gleichen physikalischen Takt gemessen werden, sondern sind qualitativ als *Signaturen von Entwicklung* anzusehen!

Die Krise der naturwissenschaftlichen Kosmologie

Die wissenschaftliche Begründung der modernen, wissenschaftlichen Vorstellungen von der Evolution des Universums steckt in einer heftigen Krise, wobei ihre Unvereinbarkeit mit dem Zweiten Hauptsatz der Thermodynamik in einer expandierenden Welt kein wirkliches Problem mehr zu sein scheint. Die Rückwärts-Extrapolation des expandierenden Kosmos führt aber zu physikalisch so extremen Zuständen, dass die immer noch nicht gelungene widerspruchsfreie Vereinigung der für den «Makrokosmos» geltenden Allgemeinen Relativitätstheorie mit der Quanten- und Elementarteilchentheorie, die den «Mikrokosmos» beschreibt, zum Verständnis unbedingt erforderlich wäre. Ein weiteres Problem, das in einem nur physikalisch gedachten Universum ohne grundlegende geistige Schöpfungsprinzipien existiert, scheint aber noch schwieriger zu sein: In der Welt, in der wir physisch leben und uns entwickeln können, müssen offensichtlich extrem fein aufeinander abgestimmte Naturkonstanten, Gesetze und sonstige Bedingungen herrschen, wie sie in einem zufällig entstandenen Kosmos ganz unwahrscheinlich sind. Als Rechtfertigung wird hier heute das bereits erwähnte «anthropische Prinzip» angeführt: Wenn etwas in der Welt existiert, mag es so unwahrscheinlich wie nur möglich sein, gibt es aber immer noch zwei unwiderlegbare Möglichkeiten der Begründung: Entweder gilt das statistische Faktum, dass das existierende Universum zwar sehr unwahrscheinlich, aber damit ja nicht unmöglich ist (*starkes* anthropisches Prinzip), oder wir leben in einem *Multiversum*, das aus so vielen zufällig entstandenen, verbindungslosen Einzeluniversen mit unterschiedlichen Naturkonstanten und physikalischen Zuständen besteht, dass selbst die als Einzelfall unwahrscheinlichsten Eigenschaften wahrscheinlich irgendwo vorkommen werden (*schwaches* anthropisches Prinzip).

Hier seien nur wenige, für unsere Existenz notwendigen Eigenschaften angeführt: Der physikalisch reale Raum muss offensichtlich *genau drei* Dimensionen besitzen. Ein Raum mit stabilen Planetenbahnen, in denen langdauernde Entwicklungen möglich sind, mit mehr als drei Dimensionen ist unmöglich. Für komplexe Raumgebilde aber sind andererseits auch zwei Dimensionen nicht ausreichend.[17] Ferner werden für die stabile Existenz von Atomen, Molekülen und makroskopischen Körpern Naturkonstanten gefordert, die *nur* die wirklich existierenden Werte besitzen dürfen. Besonders ungeklärt erscheint außerdem die Einordnung der Gravitation, die einen mindestens um 10^{16}-fach kleineren räumlichen Wirkensbereich besitzt als die Elektrizität, der Magnetismus und alle übrigen durch den Raum wirkenden Naturkräfte.[18] Überhaupt sind die Gravitationskräfte auch in der beobachtenden Kosmologie das große ungeklärte Problem. Alle direkt beobachtbaren Substanzen betragen nämlich nur etwa 5 Prozent der kosmischen Gesamtmaterie, wie sich aus ihren Gravitationswirkungen auf die Bewegungen im Universum einschließlich

17 So kann es etwa auf der zweidimensionalen Ebene keine kreuzungsfreien Überschneidungen von Graden, Straßen oder Blutgefäßen geben, ferner zerfällt hier jeder Innenraum mit mehr als einer Öffnung in zwei Teile ohne jede Verbindung, wie jede einfache Zeichnung zeigt.

18 Zwar scheint für uns die *einpolige* Gravitationskraft überall zu überwiegen, aber nur aus dem Grund, weil sich elektrische und magnetische Kräfte wegen ihrer *Doppelpoligkeit* in allen größeren Raumregionen neutralisieren.

der Hubble-Expansion ergibt, und zwar müssen 25 Prozent aller kosmischen Materie einer unsichtbaren, «dunklen Masse» und 70 Prozent einer das Universum auseinandertreibenden «dunklen Energie» zugeschrieben werden.[19] All diese Probleme hat kürzlich die bedeutende amerikanische Elementarteilchen-Physikerin Lisa Randall recht ausführlich beschrieben [2]. Es wird deutlich, dass man im Gegensatz zu der *ahrimanischen* Endvision des schwarzen Loches hier in einen unübersehbaren Strudel von Spekulationen gerät, die als undurchdringbares *luziferisches* Ursprungschaos erscheinen.[20] Ein Beispiel ist die in Fachkreisen beliebte String- oder Superstringtheorie, die vielen Forschern als besonders leistungsfähig erscheint, um zu einer einheitlichen Erklärung der Elementarteilchen und der Gravitation zu kommen. Dass die höchstens 10^{-32} mm langen Saiten (englisch «strings»), die durch ihre verschiedenen Schwingungsmoden alle Elementarteilchen darstellen sollen, jenseits jeder direkten physikalischen Feststellbarkeit liegen und nur in einem unvorstellbaren zehndimensionalen Raum vielleicht die realen Materieeigenschaften erklären könnten, wird in Kauf genommen – sieben Dimensionen sind dann eben mikroskopisch so aufgewickelt zu denken, dass sie die dreidimensionale Welt, in der wir leben, nicht stören! Auch Randall stört sich an der Stringtheorie und erwägt mit einem «nur» vierdimensionalen Raum (also einem fünfdimensio-

19 Dass auch die Geschwindigkeiten der unser Planetensystem verlassenden, 1972 und 1973 gestarteten Raumsonden *Pioneer I* und *II* von völlig unerklärlichen Gravitationskräften beeinflusst erscheinen, sei immerhin erwähnt.

20 *Luzifer* und *Ahriman* werden die beiden geistigen Mächte genannt, die einerseits für chaotische Ungebundenheit und andererseits für entwicklungslose Gesetzesstarre in der Welt stehen.

nalen Raum-Zeit-Kontinuum) auszukommen, in der Hoffnung, es könnte so möglich werden, die besondere Naturkraft «Gravitation» befriedigender als bisher in unsere reale Körperwelt einzuordnen.

Mit diesen und weiteren spekulativen Annahmen ließen sich immerhin die Widersprüche zwischen den verschiedenen Vorstellungen zur Kosmologie beseitigen, wenn auch auf sehr «monströse» Weise. Dazu ist noch zu berücksichtigen, dass der «Zweite Hauptsatz» in der Physik – entsprechend der erwähnten Sandburg – rein statistisch gedeutet werden müsste, da sich ja auch die unwahrscheinlichsten Situationen irgendwann und irgendwo durch Zufall realisieren werden, wenn nur genügend viele Einzelfälle und Zeit zur Verfügung stehen. Geistige Entwicklungsziele sind dann unnötig, gibt es nur genügend viele (notfalls auch viele Milliarden) Welten, so wird wohl auch eine von Menschen bewohnbare dabei sein! Dieser abenteuerliche Zirkelschluss des *schwachen anthropischen Prinzips* ist sozusagen der letzte Rettungsanker für eine rein materialistische Weltentstehungshypothese und trotz aller Unwahrscheinlichkeit weder widerlegbar noch zu bestätigen: Unsere Nachbaruniversen sind uns prinzipiell unzugänglich, und auch ihre teilchenphysikalischen Grundlagen können nie vollständig erforscht werden – auch nicht mit einer funktionierenden *LHC*-Maschine in Genf! Dazu wären nämlich Experimente mit Teilchenbeschleunigern nötig, deren Energie weit jenseits jeder technischen Möglichkeit läge, und Mikroskope, um «strings» von 10^{-32} mm Länge auszumessen, sind auch nicht denkbar![21]

21 Das Argument «Wärmetod» allerdings wäre gegen eine solche «Multiversum-Welt» nicht anwendbar, weil sie nicht als statisch unveränderlich angesehen wird.

Die Zunahme der Autonomie von Organismen als Evolutionsprinzip

Bernd Rosslenbroich hat am Institut für Evolutionsbiologie und Morphologie der Universität Witten-Herdecke Gedanken zur Evolution mehrzelliger Organismen in Richtung zu einer Emanzipation von ihrer Umwelt entwickelt, die mit einer zunehmenden organismischen Autonomie verbunden ist [3], [4]. Er hat dabei für diese Evolution unter anderen die folgenden biologischen Grundfunktionen gefunden und beschrieben:

- die *räumliche Abgrenzung* durch die Bildung von Haut und anderem Körperschutz für einen selbstgeregelten Austausch mit der Umgebung
- die *Internalisierung,* wobei außen gelegene Vorgänge, die beispielsweise mit der Ernährung zu tun haben, ins Innere des Organismus verlagert werden
- die *physiologische Stabilisierung,* wodurch etwa die Konstanz von Lebensrhythmen gewährleistet wird
- die *physiologische Flexibilität* und *Beweglichkeit,* durch die sich der Organismus an veränderte Umweltbedingungen anpasst, seine optimale Größe findet und seinen Lebensraum durch äußere Eigenbeweglichkeit verändern kann
- dann die *Verhaltensflexibilität,* die schließlich zu einer aktiven *Lernfähigkeit* des Organismus führt. Das Ende dieses Weges wäre die Entstehung der Leiblichkeit von höheren Organismen bis zu dem selbstbestimmten, kreativen Menschen.

Auf diesem Entwicklungsweg ist zunächst eine Vergrößerung des Körpervolumens zu beobachten. In späteren Phasen wird jedoch ein Optimum des Volumens erreicht, dessen weitere Zunahme nicht mehr mit einer höheren Evolutionsstufe verbunden sein muss. In jedem Fall ist aber diese Evolution von Organismen offensichtlich ein Prozess, der ständig höherwertige Ordnungen mit Entropieverminderung erzeugt, so dass alle Organismen «physikalisch offene Systeme» mit Energieverbrauch aus der Außenwelt sein müssen, weil in «physikalisch geschlossenen Systemen» nach dem Zweiten Hauptsatz der Thermodynamik nur eine Entropievermehrung möglich ist.

Betrachten wir nun auf der anderen Seite die kosmische Evolution entsprechend den Forschungsergebnissen des vergangenen Jahrhunderts, so ist eine Parallelität der Prozesse unübersehbar:

- Aus dem isotropen Strahlungskosmos entstehen die *Fixsterne,* bei denen bereits ein deutlicher Schritt zu einer inneren Autonomie beobachtet werden kann, der vor allem die räumliche Abgrenzung und dazu eine Stabilisierung von inneren Kreisläufen und Schwingungen betrifft.
- Auch die Internalisierung der mit der Erzeugung des Sternlichtes verbundenen Vorgänge, die den isotrop leuchtenden Gesamtraum ablösen, sind offensichtlich. Ferner gehört es zum Grundprinzip der Entstehung von Fixsternen aus der interstellaren Umgebung, dass der Zustand und die geometrische Gestalt der Materie vor der Sternentstehung im Wesentlichen «vergessen» wird und die Prozesse und die Geometrie des Sterninnern nicht mehr beeinflussen, sodass die Sternmasse und ihre chemische Zusammensetzung bis auf Kleinigkeiten die einzigen Parameter sind, die die Eigenschaften des Sternes und vor allem sein Leuchten bestimmen. Eine Zunahme und vor allem eine Individualisierung der Autonomie ist dann bei *rotierenden, veränderlichen Sternen,* engen *Doppelsternen* und *Planetensystemen* festzustellen, wo auch Materieaustausch zwischen verschiedenen Sternen mit besonderen Gestaltbildungen wichtig wird.

- Eine ziemlich hohe Stufe von Autonomie wird dann bei *Planeten mit eigenen Atmosphären* über festen oder flüssigen Oberflächen erreicht, bei denen – anders als bei den meisten einzelnen Fixsternen – eine lebendige Wechselwirkung zwischen Innenraum und Außenraum entsteht. Der Planet Jupiter mit seinen atmosphärischen Wirbelstraßen und dem erstaunlich stabilen «Roten Fleck», einem bereits weit über 100 Jahre lang existierenden, riesigen atmosphärischen Wirbelsystem, ist ein Beispiel dafür.
- Die höchste Stufe der Autonomie dürfte dann bei *erdähnlichen Planeten* erreicht werden, mit ihrer Oberfläche aus festem Land und dem im Universum seltenen flüssigen Wasser. Hier herrscht schon so etwas wie eine höhere «physiologische Stabilität» als dynamisches Gleichgewicht zwischen Einflüssen von außen und eigenen planetaren Prozessen mit erstaunlich hoher chemischer Komplexität, sowie zwischen der Aufnahme der Strahlung des Zentralsternes und der Bildung von planeteneigenen Schutzhüllen entsprechend der Haut höherer Organismen. Jene waren offensichtlich bereits seit der Erdenfrühzeit funktionsfähig, wie der Nachweis des Lebens in den ältesten Gesteinen der Erdrinde zeigt [15]. Dabei hat eine besondere Bedeutung als «Planetenorgan» das Erdmagnetfeld, das sich nur in der Wechselbeziehung zwischen einem Eisenkern im Planeteninnern und den elektrisch-magnetischen Strahlungen des Zentralsternes «Sonne» entfalten kann.

Trotz des vor Kurzem im Sternbild Waage entdeckten Planeten, der anscheinend Ähnlichkeiten mit unserer Erde hat, ist diese aber nach unserer Kenntnis einstweilen immer noch der einzige bekannte Planet, der seine eigene Autonomie so weit entwickelt hat, dass er hochentwickelten lebendigen Organismen einen Lebensraum zu geben vermag. Er erreicht damit bereits eine Flexibilität, die geradezu an die «Lernfähigkeit» höherer Lebewesen erinnert. Dass die Erdbewohner offensichtlich bereits fähig sind, durch eigenes Handeln ihre planetaren Lebensgrundlagen wesentlich zu beeinträchtigen, zeigt nicht einen Mangel des «Organismus Erde» an Lernfähigkeit, sondern unsere unglaubliche Maßlosigkeit, diese Lernfähigkeit zu überfordern – für einen Ausgleich müssen jetzt wir, die Menschen dieser Erde, *unsere* ganze Lernfähigkeit mobilisieren!

Rückblick

Die Grundlage dieser Betrachtung war die dringende Anregung Rudolf Steiners, eine Brücke zu schaffen von der Geisteswissenschaft zu dem üblichen wissenschaftlichen Leben. Es wurde der Versuch unternommen, diesen «Brückenbau» als Zusammenschau der modernen Kosmologie mit ihren Vorstellungen von der Evolution des Universums einerseits und den Darstellungen Steiners über die Entwicklung von Kosmos, Erde und Mensch andererseits auszuführen. Das scheint immerhin teilweise erfüllbar zu sein, wenn in der wissenschaftlichen Erkenntnis das Interesse von Fakten und Zahlen auf die Gestensprache von Zusammenhängen verlagert wird. Dann werden die Beobachtungsergebnisse der modernen Astronomie und ihre Gedankenverbindungen durchlässig und können als die äußeren Abbilder der in der Anthroposophie geschilderten geistigen Evolutionstatsachen erscheinen. Allerdings haben wir charakteristische Einschränkungen beobachtet:

Für die *Vergangenheit* finden wir dort undurchdringliches Chaos, wo die Evolution des äußeren Universums damit beginnt, dass sich die Mutkräfte der Throne aus einem rein geistigen Evolutionsziel als eine erste Veräußerlichung in die Richtung zu einer in *Zeit* und *Wärme* gesetzmäßig existierenden materiellen Welt hin verwandeln. Wir haben gesehen, wie dieses Evolutionsziel durch eine *luziferische* Gedankenverwirrung in der Wissenschaft vom Weltbeginn verborgen bleibt, kaum mit Aussicht, durch übliche akademische Forschung dieser Wirrnis zu entgehen – jedenfalls ist sie bisher bei allem wissenschaftlichen Fortschritt nur immer dichter geworden! – Für die kosmische Gegenwart stehen wir vor dem ungelösten Gravitationsrätsel der kosmischen Materie, die nur zu 5 Prozent mit dem Licht in

Wechselwirkung tritt und dadurch sichtbar wird. – Am Ende der Evolution bietet uns dann die Wissenschaft als besondere Sackgasse nur die gravitative Abschnürung in den *schwarzen Löchern* an. Diese «Höhlen Ahrimans» sind anders als das Chaos der Möglichkeiten des Weltanfangs zwangsläufige Folgen der Forschung, in denen aber die gesamte kosmische Entwicklung einschließlich von Raum und Zeit ihren Sinn zu verlieren droht, denn übrig bleibt als Evolutionsrest nur noch die Schwerkraft als qualitätslose Zahl.

Und zwischen diesen beiden, der luziferischen und der ahrimanischen Weltvision, zu der uns eine Wissenschaft drängt, in der geistige Ziele im Kosmos grundsätzlich als unwissenschaftlich gelten, leben wir Menschen, denen eine im üblichen Sinne wissenschaftlich begründbare Wahrscheinlichkeit ihrer Existenz fehlt! Damit sind wir also letztlich in einer Begründung unseres Daseins heute allein, aber damit auch freigelassen. Und der gegenwärtige Zustand unserer gegenwärtigen Erdenzivilisation zeigt uns, dass wir nicht nur für uns als Menschheit, sondern auch für die Existenz unseres Planeten jetzt Verantwortung zu übernehmen haben!

Die nicht immer der modernen Drucktechnik entsprechende Qualität einiger Abbildungen ist in der Absicht zu historischer Authentizität und entsprechend betagten Vorlagen begründet.

Ich danke Oliver Conradt und Konrad Rudnicki sowie allen Teilnehmern der Arbeitsgruppe «Astronomie und Geisteswissenschaft» der Mathematisch-Astronomischen Sektion am Goetheanum für wichtige Gespräche und Anregungen bei den beiden Treffen im September 2006 in Dornach und im Juni 2007 in Krakau, sowie Wolfgang Schad für die Anregung zu wichtigen Ergänzungen in der Endfassung. Der letzte Teil dieser Ausführungen ist in etwas veränderter Form bereits in der Zeitschrift *Jupiter,* Vol. 2, Nr. 2, S. 87, Dornach 2007, erschienen.

Literaturverzeichnis

[1] Bockemühl, Jochen (Hrsg.): *Erscheinungsformen des Lebendigen.* Verlag Freies Geistesleben, Stuttgart, 1977 (1. Auflage).

[2] Randall, Lisa: *Verborgene Universen. Eine Reise in den extradimensionalen Raum.* Verlag S. Fischer, Frankfurt, 4. Auflage 2006.

[3] Rosslenbroich, Bernd: Zur Evolution der organismischen Autonomie. Teil 1: Begriffsbestimmung und das Beispiel der Entstehung der Metazoen, in: *Elemente der Naturwissenschaft*, 81, 2004.

[4] Rosslenbroich, Bernd: *Autonomiezunahme als Modus der Makroevolution.* Habilitatonsschrift der Universität Witten/Herdecke. Martina Galunder-Verlag, Nümbrecht 2007.

[5] *Rudnicki, Konrad*: *The Cosmological Principles.* Jagiellonian University, Kraków 1995.

[6] *Schmidt, Thomas*: *Astronomie – Kosmologie – Evolution.* Verlag Freies Geistesleben, Stuttgart 2004.

[7] Schmidt, Thomas: «Negative» Materie in der Sonne und den Fixsternen sowie die Bedeutung der Beziehung von Licht und Elektrizität für die Naturerkenntnis, in: *Jupiter*, Dornach 2009 (in Vorbereitung).

[8] Steiner, Rudolf: *Die Philosophie der Freiheit* (1894). Rudolf Steiner Verlag, Dornach, 16. Auflage 1995. GA 4.

[9] Steiner, Rudolf und Marie Steiner-von Sivers: *Briefwechsel und Dokumente 1901–1925.* Rudolf Steiner Verlag, Dornach 1967, S. 15. GA 262.

[10] Steiner, Rudolf: *Die Geheimwissenschaft im Umriss.* (1910) Rudolf Steiner Verlag, Dornach, 30. Auflage 1989. GA 13.

[11] Steiner, Rudolf: *Die Evolution vom Gesichtspunkte des Wahrhaftigen*(1911). Rudolf Steiner Verlag, Dornach, 7. Auflage 1999. GA 132.

[12] Steiner, Rudolf: *Die spirituellen Hintergründe der äußeren Welt. Der Sturz der Geister der Finsternis* (1917). Rudolf Steiner Verlag, Dornach, 5. Auflage 1999. GA 177.

[13] Steiner, Rudolf: *Das Initiatenbewusstsein* (9. Vortrag, 20.8.1924). Rudolf Steiner Verlag, Dornach 1969, GA 243.

[14] Steiner, Rudolf: *Anthroposophische Leitsätze. Der Erkenntnisweg der Anthroposophie – Das Michael-Mysterium* (1924/25). Rudolf Steiner Verlag, Dornach, 10. Auflage, 1998. GA 26.

[15] Pflug, H.D.: *Die Spur des Lebens.* Springer Verlag, Berlin, Heidelberg u.a. 1984, S. 127ff.

Wolfgang Schad

Darwinismus – was ist das?

1825 entdeckte ein bayrischer Optiker und Instrumentenbauer namens Joseph Fraunhofer (1787–1826) die Spektrallinien des Lichtes. Der 76-jährige Goethe hörte davon, sah dann selbst die Linien und bestaunte sie, wusste aber nicht recht, was er davon halten sollte: «… aber sie mögen als offenbares Geheimnis der Zukunft bewahrt bleiben» (WA II 11:100). 1859 entwickelten dann Gustav Robert Kirchhoff (1824–1887) und Robert Wilhelm Bunsen (1811–1899) die Spektralanalyse, die nun erstmals ermöglichte, das Licht aller Sterne und Nebel in seinem Informationsgehalt über die materielle Zusammensetzung derselben zu deuten. Damit wurde die iahrtausendealte Astronomie zur Astrophysik. Der Kosmos bestand nun nur noch aus chemischen Elementen wie die der Erde. Alle dazu wichtigen Versuche und Theoreme waren vorher schon da: die Spektralzerlegung des Lichtes, seine Wellennatur, seine Emissions- und Absorptionslinien. Kirchhoff und Bunsen zogen die technische Bilanz und wendeten sie auf den Himmel an.

Im gleichen Jahr 1859 erschien Darwins ebenso epochemachendes Buch *On the origin of species by means of natural selection or the preservation of favoured races in the struggle for life*. Der lange Titel enthielt schon alles Wesentliche der von ihm damit vertretenen Theorie. Hiermit wurde nun auch das Leben auf der Erde seiner sinnhaften Zielstrebigkeit enthoben und versucht, materiell zu erklären. Nach 150 Jahren begeht nun die naturwissenschaftlich geprägte Gesellschaft von heute das Doppeljubiläum Darwins, denn vor 200 Jahren war am

12.2.1809 außerdem sein Geburtstag, und man feiert ihn nun überall als ein originales Genie. Dabei lassen sich die verschiedenen Aussagen des Darwinismus historisch schon alle vor ihm nachweisen. Darwins historische Leistung bestand nicht in originären Ideen, sondern in der Bündelung der vorhandenen Theoreme und in dem mit immensem Fleiß betriebenen Sammeln reicher Fakten, die jene Ansätze belegen. Er war für die Evolutionslehre ein rezipierender, kein produktiver Geist. Das war ihm auch selbst klar:

«Darwin hat wiederholt geklagt, dass er bei der Evolutionsforschung nur zusammengetragen hat, was andere vor ihm erarbeitet hatten.» (Kutschera 2009)

Schon Rudolf Schmidt (1876), Ernst Haeckel (1878), Theodor Pinter (1910) und erneut besonders Ernst Mayr (1985) stellten heraus, dass Darwins Erklärungskonzept aus fünf verschiedenen Theoriekomplexen besteht, die nicht gemeinsam akzeptiert werden müssen, sondern auch unabhängig voneinander bestehen können:

1. das Faktum der Evolution als solcher (z.B. durch den Artenwandel)
2. die Abstammung aller Organismen von gemeinsamen Vorfahren (Realgenese)
3. die erblichen Änderungen in kleinen Schritten (Gradualismus)
4. die Abspaltung neuer Arten aus oft noch weiter bestehenden alten (Divergenz)
5. die natürliche Auslese (Selektion) oder ihr Fehlen (Isolation).

Die zumeist besonders Darwin zugesprochene Selektion als ausrichtender Evolutionsfaktor in der Natur findet sich vor

Darwin schon bei La Mettrie (1750), Maupertuis (1756), Patrick Matthew (1831), Edward Blyth (1835) und Alfred R. Wallace (1858). Darwin selbst entnahm diese Idee jedoch gar nicht aus der Naturwissenschaft seiner Zeit, sondern aus dem Buch des älteren Landsmannes Thomas Robert Malthus (1766–1834): *Essays on the principles of populations* (1798). Dieser hatte darin beschrieben, dass die Bevölkerung immer schneller wächst als das Nahrungsangebot; folglich unterliegen im Kampf um die Ressourcen die Schwächeren, und die Starken bleiben über. Nach seiner fünfjährigen Weltumseglung war Darwin, der vorher Theologie studiert hatte und nun zum Naturforscher geworden war, dieses Buch «per Zufall» in die Hände geraten. Er berichtete in seiner späteren Autobiographie über den Moment seiner blitzartigen Erleuchtung:

«Im Oktober 1838, also fünfzehn Monate, nachdem ich meine systematischen Forschungen begonnen hatte – etwa im Juli 1837 –, las ich, um mich abzulenken, das Buch von Malthus ‹On Population›, und da ich aus meiner lang anhaltenden Beobachtung der Gewohnheiten von Pflanzen und Tieren gut vorbereitet war, den Kampf ums Dasein zu würdigen, der sich überall abspielt, ging es mir blitzartig auf, dass unter diesen Umständen vorteilhafte Abänderungen bewahrt und unvorteilhafte vernichtet würden. Das Ergebnis von alldem würde die Bildung neuer Arten sein. Nun hatte ich also eine Theorie bekommen, mit der ich arbeiten konnte.»

Das tat nun Darwin zwanzig Jahre lang in der abgeschiedenen Ruhe seines Landsitzes in Down/Südengland. Ein reiches väterliches Erbe und eine noch reichere Heirat mit seiner Cousine entbanden ihn von jedem Broterwerb, sodass er – befreit von jedem Kampf ums Dasein – eben diese Theorie mit Muße in die Welt setzen konnte. Ja, er hatte noch vor, sehr viel länger an seinem Hauptwerk zu schreiben, bis ihn ein Ideenkonkurrent, Alfred Russel Wallace (1823–1913), 1858 durch sein ihm zugesandtes, noch unveröffentlichtes Essay «On the tendency of varieties to depart indefinitely from the original type» dazu zwang, selbst rasch ein Jahr später zu veröffentlichen.

Darwin gilt damit heute weithin als der Begründer der Evolutionslehre. Das war er jedoch keineswegs. Darwin nannte selbst in der 2. Auflage seines Hauptwerkes (1860) 34 Vorgänger für die Akzeptanz des Artenwandels. Potonié hat 1890 die Liste verlängert, und Kohlbrugge kam 1915 auf 154 Autoren, die schon zwischen 1715 (de Maillet) und 1859 (Ch. Darwin) den Artenwandel vertreten hatten. Heute lassen sich 193 Autoren vor Darwin aufzählen (Schad 1997). Insbesondere auf dem Kontinent war schon vor Darwin in den wissenschaftlichen Kreisen die Abänderung der Arten weitgehend akzeptiert, so Hauff 1840:

«Nur in England klebt noch ein Teil der Naturforscher hartnäckig an dem Buchstaben der Schrift, was wohl daher rührt, dass so viele Lehrer der Naturgeschichte Geistliche der bischöflichen Kirche sind.»

In England lag tatsächlich ein Nachholbedarf vor (Bowler 1988). Zwar hatten schon Darwins Großvater Erasmus Darwin 1794/1796 und Robert Chambers 1844 auf der Insel den Entwicklungsgedanken vertreten, doch die Glaubenswelt der Anglikanischen Kirche bestimmte lange die öffentliche Meinung, die erst durch das Werk von Charles Darwin 1859 dort verunsichert wurde. Die Bezeichnung «Darwinismus» war schon vor Charles, durch den Großvater Erasmus veranlasst, aufgetaucht (Engels 1995:19), ohne dass die Bezeichnung schon die Selektionstheorie enthielt. Wir können ihn als **Proto-**

darwinismus bezeichnen. Die Evolutionslehre vom Artenwandel war also längst vor Darwin als eine *Non-Darwinian Revolution* (Bowler 1988) etabliert. Bowler spricht geradezu von einem Heroenmythus, den die scientific community heute um die Person Darwin geflochten hat. Hier bestätigt sich wieder das Wort Napoleons, der die Geschichtsschreibung eine «fable convenue» genannt hat: eine Erzählung der Übereinkunft.

Darwins Gesamtwerk ist selbst noch von manchen Lamarckismen durchsetzt, die das Evolutionsgeschehen auf Triebe und Bestrebungen zurückführen (Psycholamarckismus), so besonders in seinem zweiten wichtigen Werk *The descent of man* (1871): *Die Abstammung des Menschen.* Selbst in seinem zentralen Begriff «struggle for life» steckt im Wort «for» das seelische Bestreben nach Überleben darin, was – wie ihm bald seine engsten Freunde (Hooker und Wallace) sagten – nicht in eine reine Naturwissenschaft gehört. Kein Physiker und Chemiker spricht vom Kampf der Moleküle ums Dasein. So mechanistisch ist Darwins militärische Lehre – obgleich unentwegt dafür reklamiert – also gar nicht.

Lamarck nahm zusätzlich auch noch an, dass die Organismen durch Übung und Training ihre Organe so verändern können, dass solche Wirkungen durch Gebrauch oder auch durch Nichtgebrauch als Verstärkung oder Verkümmerung erblich weitergegeben werden. Darwin dachte sich den Vorgang, weil ja offensichtlich die meisten Merkmale der Eltern auf ihre Nachkommen vererbt werden, in der Art, dass von allen Organen kleinste Erbeinheiten, die er «gemmulae» oder «gemmules» nannte, an die Keimzellen abgegeben werden; daher dann die Ähnlichkeit letzterer mit ersteren. Er war also noch überzeugt von der Vererbung erworbener Eigenschaften und darin Lamarckist. Was Darwin als seine eigene Lehre in die Biologie eingebracht hat, bezeichnet man deshalb am deutlichsten als **Altdarwinismus**.

Etwa eine Generation jünger, lebte damals in Freiburg der Zoologe August Weismann (1834–1914). Selbst ein ausgezeichneter Experimentator, war er durch ein wiederholtes Augenleiden gezwungen, sich stärker der Theoriebildung zuzuwenden. 1885 und 1892 veröffentlichte er seine ebenfalls epochemachende Keimplasma-Theorie. Darin stellte er heraus, dass bei allen Organismen allein die Erbpotenzen der Keimbahnzellen sich auf die Leibesbildung, das «Soma», der Nachkommen auswirken, hingegen umgekehrt vom Soma her keine erblichen Wirkungen auf die «Keimbahn» übergehen können. Seitdem ist, durch zahllose Versuche bestätigt, klar, dass nur Änderungen (Mutationen) in den Keimbahnzellen evolutive Folgen haben, jedoch keine somatischen Mutationen, geschweige denn somatische Modifikationen. Seit dieser Korrektur der Vererbungshypothesen von Lamarck und Darwin durch Weismann spricht man vom **Neodarwinismus**. Er lehnt jede Vererbung individuell erworbener Eigenschaften ab. Trotz über hundertjähriger Experimentalforschung ist es bis heute nicht gelungen, lamarckistische Wirkungen auf die natürliche Evolution experimentell gesichert nachzuweisen.

Als die chemische Aufschlüsselung der Erbsubstanz 1956 durch die Amerikaner Crick und Watson gelungen war und der Feinbau dieser «Desoxyribonucleic acid» = DNA verfolgt werden konnten, wurde auch ihr an das Zellplasma weitergegebenes Abbild, die «Ribonucleic acid» = RNA, und ihre Auswirkungen auf die artspezifischen oder gar individualspezifischen Eiweiße aufgedeckt. Der umgekehrte Weg – Eiweiß → RNA → DNA und damit die Rückwirkung vom Zellplasma bzw. vom Soma auf das Erbgut – aber galt als ausgeschlossen. So ließ sich das Weismannsche Theorem zum *DNA-Dogma* hin kurzfassen: DNA kann zu RNA «umgeschrieben» werden, RNA aber nie zu DNA.

1970 gelang die Entdeckung von RNA-haltigen Retro-Viren, welche, eingedrungen in Bakterien oder höheren Zellen, dieselben anregen, sie in weitervererbbare DNA «zurückzuschreiben». Es gibt also doch die *reverse* Transkription (s. Varmus 1987). Damit war die Strenge des DNA-Dogmas gefallen. Dieser «seitwärtige» Einstieg von Erbsubstanz von außen nach innen, von der Umwelt in die Keimbahn, wird heute «*lateraler Gentransfer*» genannt und macht nun erst auch Evolutionsvorgänge nicht allein durch elterliche Vererbung, sondern auch von der Umwelt her verursacht verständlich. Diese teilweise Aufhebung des Weismannschen Ansatzes führt also zu einer Erweiterung des Neodarwinismus, die wir **Neo-Neodarwinismus** nennen können. Hinzu kommen Entdeckungen der letzten Zeit, dass das «abrufbare» Genmaterial nicht so sehr für die Ausbildung der Merkmale eines Lebewesens bestimmend ist, sondern vielmehr die reichlich mögliche Umgruppierung von Grundgenen durch regulative «Homöobox»-Gene. Dadurch sind erhebliche evolutive Schritte möglich, ohne dass neue Gene erworben werden und ohne dass die bisherigen Gene erst mutieren müssen.

Zum Beispiel ist inzwischen gut bekannt, dass die primären Grundgene bei Mensch und Schimpanse zu 98 Prozent die gleichen sind. Auf der Ebene der Regulatorgene unterscheiden sie sich jedoch zu 70 Prozent! Nicht neues Erbmaterial, sondern die unterschiedliche Regulation und damit Verwendung vermittelt den kräftigen gestaltmäßigen Unterschied hier auf Gattungsebene.

Noch eine ganz andere Qualität nimmt das Darwinsche Evolutionsverständnis heute dadurch an, dass die Änderungen des

Erbgutes, seine Ergänzung oder Neuverteilung, nicht mehr dem natürlichen Zufall überlassen bleibt, sondern dass die Gentechniker ihnen zweckmäßig erscheinende Veränderungen gezielt an der Erbsubstanz direkt vornehmen. Die im Bisherigen als ungerichtet geltenden Mutationen werden damit durch den Menschen selbst planmäßig ausgerichtet. Diese Genchirurgie geschieht mit der Erzeugung solcher «transgenen» Pflanzen und Tiere allein für wirtschaftlich-finanzielle Vorteile. Sie sind die heute einzigen bekannten Evolutionsabläufe, die gerichtet, zufallsfrei und zweckmäßig verursacht sind, zu welch utilitaristischen Zwecken auch immer. Der Darwinismus ist also inzwischen zu einem **Neo-Neo-Neodarwinismus** geworden. Mit ihm versucht der Biotechniker von heute, nicht nur, wie bisher in der Züchtung, die Selektion dem natürlichen Zufall zu entreißen und selbst gerichtet zu selektionieren, sondern nun auch das genetische Geschehen nicht mehr dem statistischen Zufall zu überlassen, vielmehr gezielt den Genbestand und damit die Vererbung auf Dauer zu bestimmen. Das setzt einen bewussten Plan des zu erreichenden Züchtungszieles voraus.

Die Genchirurgen machen damit methodisch das Gleiche, was die konfessionelle Auslegung der Schöpfung durch die Jahrhunderte hindurch in der mosaischen, christlichen und islamischen Lehre Gott zugeschrieben hat: Er hat ein Weltenziel gefasst, und kraft dieser seiner Voraussicht, also Vorsehung, und seiner Allmacht verwirklicht er den Bau und den Wandel der Organismen mit geradezu technischer Intelligenz: den Bau des Linsenauges, die akustischen Resonanzmembranen in der Ohrschnecke, den chemischen Photosyntheseapparat in den pflanzlichen Chlorophyllkörnern usw.

Aber ist Gott wirklich als ein materieller Erfinder mit maximaler technischer Intelligenz tätig gewesen, oder ist er es noch?

Vergeht man sich nicht mit einem solchen technologischen Anthropomorphismus in unzulässiger Weise an Gott? Was aus den Kreisen fundamentalistischer Sekten der USA in den letzten Jahren nach Europa gelangt ist, ist jenes unzulässige Bild des «intelligent designers» als Alternativangebot gegenüber dem materialistisch orientierten Neo-Neo-Neodarwinismus. Dass das Pendel umschlägt, war zu erwarten. Aber solche historischen, sich nur auf die Schwachstellen des Feindbildes berufenden regelmäßigen Pendelschläge lösen nicht das Verständnisproblem, das die Evolution darstellt.

Zum einen sollte man die missbräuchliche Anthropomorphisierung Gottes abweisen. Das hat schon der größte Kirchenlehrer des Hochmittelalters getan. Thomas von Aquino wendete sich in seinem Bemühen, die Vernunftkraft des Menschen in die Glaubensfragen einzubeziehen, dagegen, Gott als *Zuflucht unseres Nichtwissens* zu gebrauchen. Dieser Missbrauch, wenn man selbst in seinem Denken nicht weiter weiß, Gott als das «asylum ignorantiae» einzusetzen, ist nur ein Quietiv, eine Selbstberuhigung. Kant hatte dieses untaugliche Verfahren klar eingesehen, und Goethe war ihm – bei allen sonstigen Differenzen zu ihm – äußerst dankbar:

«Nun aber kam die *Kritik der Urteilskraft* [von Kant] mir zu Händen, und dieser bin ich eine höchst frohe Lebensepoche schuldig. [...] Meine Abneigung gegen die Endursachen [= Ziele] war nun geregelt und gerechtfertigt; ich konnte deutlich Zweck und Wirkung unterscheiden, ich begriff auch, warum der Menschenverstand beides oft verwechselt.» (*Einwirkungen der neueren Philosophie*, 1820; WA II, 11:50/51)

In seinem «Entwurf in die vergleichende Anatomie» zog er die Konsequenz: «Völlige Entsagung des Endzweckes» (WA II, 13:195).

Viele weitere Stellen von Goethe wären ebenso dazu zu nennen. Sein Typusbegriff beinhaltet keine Voraussagemöglichkeit der evolutiven Zukunft, auch wenn das Gegenteil noch heute viele sich für Goetheanisten haltende Typologen vermeinen. Gerade auch die Religionslehrer warnte im Goetheschen Sinne Rudolf Steiner, das Unbekannte als ein Beweis des Geistes anzuführen:

«Statt dass die Menschen die Empfindung bekommen: ‹man kann vom Geist wissen, der Geist offenbart sich in der Materie›, werden die Menschen so sehr darauf hingelenkt, dass da, wo man sich etwas nicht erklären kann, ein Beweis ist für das Göttliche.» (GA 300 I, 99/100)

Darwin hatte es gewagt, an die Stelle eines versimplifizierten Gottes naturwissenschaftlich verfolgbare Ursachen für die Gesundheit des ökologischen Gleichgewichtes und für den Artenwandel zu setzen, wohl wissend und zugebend, dass erbliche Variationen und die Selektionen durch die Umgebung auch ihm noch nicht alle Fragen gelöst haben.

Mehr noch als er haben seine Nachfolger den Wert des zielfreien Zufalls hervorgehoben. (Darwin verstand unter Zufall nur, wofür er selbst die Ursachen noch nicht kenne; siehe S. 17.) Das Zufallselement befreit den Evolutionsverlauf von dem *teleologischen Determinismus* jedweden Planes. Er ist inzwischen durch die Quanten- und Chaostheorie auch von dem *kausalen Determinismus* in seinem Absolutheitsanspruch befreit.

Der unbefangene Menschenkenner und konsequente Denker Steiner hat gerade diesen positiven Wert des Zufalls bemerkt und betont. In einem Vortrag vom 30.8.1915 (GA 163, S. 76-79) entwickelte er den Zufallsbegriff aus der Freiheit, die uns das spiegelnde Bewusstsein von dem Druck der Wirklichkeit gibt. Im Vorstellen vernichten wir frei die wahrgenommene Welt in uns zu nichtigem Schein. Aber aus diesem Nichts kann der nun frei handelnde Mensch Neues, Nichtvorherbestimmtes schaffen: «Aber der Freiheitsbegriff schließt den Zufallsbegriff notwendigerweise in sich.»

Das sah schon Goethe, als er zu Eckermann bemerkte: «Sobald wir dem Menschen die Freiheit zugestehen, ist es um die Allwissenheit Gottes getan; denn sobald die Gottheit weiß, was ich tun werde, bin ich gezwungen zu handeln, wie sie es weiß.» (12.10.1825)

Ohne dass Darwin etwas von dem hohen geistigen Wert des von allen Determinismen freien Zufalls ahnte, hat seine Auswechslung der Vorsehung durch den Zufall den Freiraum für das Weltgeschehen und den Menschen geöffnet. Kein Wunder, dass sich alle mit einem deterministischen, also letztlich fatalistischen Gottesbegriff versehenen Konfessionsvertreter dagegen wehrten und wehren.

Es war zwar die gute Tat einer christlichen Sekte in Amerika, George W. Bush, bevor er Präsident wurde, von seinem jahrzehntelangen Alkoholismus zu befreien, aber dass er und der Wiener Kardinal Schönborn die Abschaffung nicht nur einer offenen Evolution, sondern der Evolution überhaupt durch die Vertreter des «Intelligent Design» begrüßen, zeigt den Rückfall in die falsche Richtung. So ist dem Fazit, dass die Naturwissenschaftler Axel Meyer und Hubert Markl in der *Frankfurter Allgemeinen Zeitung* (17.9.2005; Nr. 217, S. 46) aus der neuesten Diskussion zogen, nur zu begrüßen: «Wo ‹intelligent design› also meint, die moralische Natur des Menschen vor den ‹blinden› Mechanismen materialistisch-rationalistischer, reduktionistischer Naturwissenschaft bewahren zu müssen, raubt sie ihm gerade jene Freiheitseigenschaften, die ihn erst zum wirklichen Menschen machen: Was für eine beschränkte Theorie, selbst wenn hohe Würdenträger und Präsidenten sich zu ihr bekennen!»

Steiner hat das Freiheitselement des Menschen ja nicht nur in seiner Beobachtung der Verständigung des Bewusstseins mit sich selbst gesehen – so wie er es in der *Philosophie der Freiheit* zuerst beschrieben hat –, sondern ebenso in der Biologie des Menschen. So forderte er 1920 eine künftige «Physiologie der Freiheit» (GA 201, 1.5.1920). Dass sie sich schon stufenweise durch alle Naturreiche verfolgen lässt, hat Bernd Roßlenbroich neuerdings in seinem gründlichen Buch *Autonomiezunahme als Modus der Makroevolution* 2007 aufgezeigt, das dieses Anliegen Steiners aufgegriffen hat.

*

Aber nicht nur der Begriff des Zufalls, sondern der für den Darwinismus zentrale Begriff der Selektion lohnt einer anthroposophischen Vertiefung. Er weist ja auf die durchgängige Tatsache hin, dass fast alle Organismen mehr Nachkommen erzeugen, als Platz zum Überleben auf der Erde da ist. Wenn von den 50 Millionen Eiern eines Karpfenpärchens nur zwei zu fortpflanzungsfähigen Nachkommen werden, bleibt der Bestand gewahrt. Die überwiegende Mehrzahl dient anderen zur Nahrung. Wie sagte schon der gute Naturkenner aus Weimar:

Sprich, wie werd ich die Sperlinge los? so sagte der Gärtner:
Und die Raupen dazu, ferner das Käfergeschlecht,
Maulwurf, Erdfloh, Wespe, die Würmer, das Teufelsgezüchte? –
«Lass sie nur alle, so frisst einer den anderen auf.»

(Aus den *Weissagungen des Bakis*)

«Alles, was entsteht, sucht sich Raum und will Dauer; deswegen verdrängt es ein anderes vom Platz und verkürzt seine Dauer.» (Maximen und Reflexionen 1252)

Darwin litt seelisch unter dieser Seite seiner Theorie, hatte er doch dabei das Gefühl, «einen Mord begangen zu haben». Andererseits meinte er auch etwas Gutes getan zu haben, nämlich Gott von der Zuständigkeit für das Entstehen dieser grausamen, bluttriefenden Natur freigestellt zu haben. Merkwürdig bleibt nur, dass sich doch die darwinistisch aufgeklärte «moderne» Gesellschaft in den Ferien in den möglichst noch unberührten Naturoasen gerne erholt. Sie sollen laut Darwin doch von Brutalität triefen. Irgendetwas stimmt da doch wohl nicht.

Erst ein realistischer Spiritualismus hilft hier weiter. So wenn Steiner bemerkt, dass die zahllosen vorzeitig sterbenden Keime und Jungstadien zwar physisch aufgelöst werden, aber ihre Lebenspotenzen nicht verlorengehen, sondern den Überlebenden übersinnlich zugute kommen (GA 181:89). Auch der Tod von Einzellern, aller Pflanzen und Tiere, ob mit oder ohne «Gewalt», ist nicht mit dem existenziellen Vorgang des Todes eines einzelnen Menschen gleichzusetzen. Jede Zelle, jede Pflanze und jedes Tier sind durch Artgenossen voll ersetzbar, soweit die Art nicht vom Aussterben bedroht ist. Erst der Tod einer ganzen Pflanzen- oder Tierart ist ein solch unersetzlicher Verlust wie der Tod eines individuellen Menschen. Seine gezielte Tötung ist Mord, die Ausrottung einer Pflanzen- oder Tierart auch, aber nicht der Einzeltod ihrer Mitglieder (Schad 1970).

Unser eigener Organismus gibt selbst dafür den besten Vergleich. Nicht auf das Überleben einzelner Zellen in ihm kommt es an. Es ist eine wichtige Unterscheidung, die die neuere Medizin bei der Beurteilung vom Zelltod getroffen hat: Es gibt schädlichen Zelltod, *Nekrose* genannt, und den für das Ganze gesunden Zelltod, *Apoptose* genannt. So ist es auch in den Lebensgemeinschaften der Pflanzen und Tiere in der Landschaft und letztlich in der ganzen Biosphäre der Erde: Wo finden hier pathologisch werdende Nekrosen statt, und wo sind gesunderhaltende Apoptosen im ökologischen Gleichgewicht nachhaltiger Lebensgemeinschaften geradezu notwendig? Die darwinische Selektion ist im Normalfall die Apoptose im Ökoorganismus, ohne Grausamkeit bluttriefender Morde. Auch bei hochbeseelten Tieren findet der Tod bei der plötzlichen Überwältigung durch ein Raubtier zumeist weitgehend schmerzlos im Schockzustand statt (Schad 2010). Wir kennen heute die dabei ausgeschütteten schmerzauslöschenden Endorphine und Enkephaline. Hinzu kommt, dass das Tier die urmenschliche Frage «Warum gerade ich?» gar nicht stellen kann. Es kennt auch nicht die Voraussicht, irgendwann einmal sterben zu müssen (Schad 1970). Darwins ethische Skrupel gegenüber seiner eigenen Theorie war ein gemüthafter Anthropomorphismus, den er andererseits nicht seiner Theorie anlasten wollte. Kühle Verstandesseele und häusliche Gemütsseele kamen in ihm nicht überein.

Wenn natürlicher Tod Apoptose sein kann, wird erst die große Frage deutlich, ob das natürliche Todesgeschehen in der Natur auch für die Evolution des Lebens auf der Erde einen wichtigen Einfluss hatte. Was bedeuteten die großen Aussterbevorgänge im Ordovicium, am Ende des Perms und wiederum der Kreide? Jedes Mal blühten danach neue Pflanzen- und Tiergemeinschaften in evolutiv erneuerter Weise verstärkt auf. Wir brauchen also nicht nur eine gute Biologie (Lebenskunde), sondern ebenso eine gute Thanatologie (Todeskunde). Wesentliches dafür findet sich schon in der Anthroposophie, z.B. in dem hierfür grundlegenden Vortrag

«Der Tod bei Mensch, Tier und Pflanze» (GA 61, 29.2.1912). Darin wird auch qualitativ zwischen dem Tod eines Tieres und dem einer Pflanze unterschieden. Das Selektionsgeschehen in der Natur bekommt dadurch ganz wesentliche, neue Blickperspektiven, und Darwins Skrupel und die der Anhänger eines kurzgeschlossenen Populärdarwinismus stellen sich als erhebliche Anthropomorphismen heraus, die sie doch abschaffen wollten. Von hier aus können wir gerade auch spirituell von nicht nur gesundenden, sondern zusätzlich von evolutiv förderlichen Todesprozessen durch das Selektionsgeschehen sprechen. Dem geistigen Realisten Steiner ging es darum, die in materialistischer Verkürzung aufgetretene Entwicklungslehre Darwins nicht abzukanzeln und sich alternativ in eine gläubige Bürgerlichkeit zu retten, sondern den Nerv des Darwinismus – die Anerkennung der gemeinsamen Entwicklung der Natur und des Menschen – in seiner hohen spirituellen Bedeutung zu würdigen.

«Wenn die Darwinisten nur wüssten, welch hochspirituelle Entdeckung sie gemacht haben.»

Es gibt eben auch einen **spirituellen Darwinismus**. So wie wir verschiedene Arten von Darwinismus eingangs differenziert haben, so sollte auch zwischen recht verschiedenen Arten von Spiritualismus und Theismus unterschieden werden. Wo ist die Zukunft im Entwicklungsgeschehen der Evolution nur fortrollende Vergangenheit, oder wo ist sie echte, noch nicht mit festgelegten Zielen ausgestattete Zeit als offene Möglichkeit? Für beides gibt es naturwissenschaftliche und kulturwissenschaftliche Einstellungen und Denkweisen. Die deterministische Weltsicht herrschte bis ins 19. Jahrhundert und rollt nur noch im 20. und 21. Jahrhundert nach. Das offenbare Geheimnis der Freiheit im Weltgeschehen macht erst möglich, dass der Mensch seine so hilfreiche wie notwendige Verantwortung übernimmt. Eine evolutionäre Wissenschaft des Geistigen und eine evolutionäre Wissenschaft des Lebendigen schließen sich gerade nicht aus, sondern können sich in den Fragen nach einer differenzierenden Thanatologie nahtlos ergänzen.

Dem müssen nicht einmal die religiösen Urkunden entgegenstehen. Es ist ja nicht so, dass das Freiheitselement als Entwicklungsprinzip den drei Buchreligionen fehle. Der mosaische Schöpfungsbericht verhält sich deskriptiv; in ihm ist nirgends von einem fertigen Plan für alle Zukunft die Rede. Es besteht hingegen die ewige Theodizeefrage für die Theologen, wie so ein für das Gute stehender, allmächtiger Gott das Böse in das Paradies kommen und den Sündenfall provozieren lässt. Damit wird doch gerade das Durchbrechen der göttlichen Vorsehung geschildert, wohl um der Entscheidungsfreiheit des selbstverantwortlichen Menschen willen (s. auch Müller 2004).

Im Neuen Testament steht bei Johannes (8,33) der gewaltige Satz jeder Aufklärung: «Und ihr werdet die Wahrheit erkennen, und die Wahrheit wird euch freimachen».

Auch im Koran ist die Rede davon, dass der Mensch die Welt verändern möge: «Und ich werde ihnen befehlen, dass sie die Schöpfung Gottes verändern» (Sure 4,119). Und auch der Fatalismus ist nicht das letzte Wort im Koran: «Allah verändert nicht den Zustand der Menschen, bis sie selbst ihren eigenen Zustand verändern» (Sure 13,11).

Man muss wohl umgekehrt fragen, in wessen Interesse es in der Religionsgeschichte lag, den Entwicklungsgedanken wegen seines Signums der freilassenden Zukunftsoffenheit zu unterdrücken. Das ließe sich wohl eher unter die Machtpolitik rechnen, welche die Religionen oft und oft für ihre Zwecke instrumentalisiert haben.

Wir haben es naturwissenschaftlich also mit fünf verschiedenen Abfolgen von Darwinismus zu tun:

- dem **Protodarwinismus** des Großvaters, des Arztes Erasmus Darwin (1731–1802)
- dem **Altdarwinismus** von Charles Darwin mit noch einigen Lamarckismusresten
- dem **Neodarwinismus** seit August Weismann mit der Unterscheidung von Keimbahn und Soma, präzisiert im DNA-Dogma von Crick und Watson; aller Lamarckismus ist ausgeschaltet
- dem **Neo-Neodarwinismus**, welcher mit der Entdeckung der reversen Transkription den lateralen Gentransfer aus der Umwelt in das Erbgut kennt
- dem **Neo-Neo-Neodarwinismus** der Genchirurgen, welche eine gezielte, zweckgerichtete Evolution mit der vom Menschen gemachten Technik an den Organismen durchführen.

*

Die soziologische Dimension des Darwinismus sollte aus der Betrachtung nicht ausgeschlossen sein. Das gesellschaftliche Problem sah sofort der jüngere Freund von Charles Darwin, Alfred Russel Wallace (1823–1913). Er hatte sich, ähnlich wie Darwin, auf naturkundlichen Reisen in die Tropen Südamerikas und Südostasiens reiche Beobachtungen und Kenntnisse an Fakten zugelegt. Wie Darwin war er durch Malthus zu den gleichen Ergebnissen gekommen: Die erblichen Variationen, der Kampf ums Dasein oder die durch Isolation ausgeschaltete Selektion sind die Promotoren der Evolution.

Am 18. Juni 1858 traf eine Sendung von zwanzig Manuskriptseiten von Wallace bei Darwin ein, die unabhängig von diesem alle seine Thesen enthielt. Darwin schrieb als sein erstes Echo an den geologischen Freund Charles Lyell: «Wenn Wallace meinen handschriftlichen Entwurf von 1842 besäße, hätte er kein besseres Resumée anfertigen können.» Darwin veröffentlichte das Manuskript von Wallace zusammen mit einer eigenen Kurzfassung sogleich 1858, um einen Prioritätsstreit zu vermeiden. Doch Wallace ließ Darwin großzügig den Vortritt in der Priorität, wusste er doch, dass der Einfluss der Konkurrenz auf die Evolution ihm im Februar 1858 auf den Molukken gekommen war, Darwin aber bereits im Oktober 1838. Offensichtlich praktizierte Wallace dabei eine Einstellung, die in den nächsten Jahren zu einem Streitpunkt zwischen ihnen werden sollte: Er hielt in der Beziehung zwischen Menschen mehr von der Kooperation als von der Konkurrenz.

Wallace war in Wort und Schrift ein noch viel konsequenterer Selektionist als Darwin, was die Evolution der Pflanzen und Tiere betrifft, jedoch nicht für die des Menschen. Er bat deshalb dringend Darwin, den Menschen aus seiner Theorie herauszunehmen. Darwin hingegen bat Wallace ebenso dringlich, doch auf seine Seite zu treten; denn wenn er eine Ausnahme zuließe, fiele seine ganze Theorie zusammen. Wallace sah hingegen die Anwendung der «natural selection» auf die «human selection», also das Existenzrecht des Stärkeren gegenüber dem Schwächeren, als den Untergang des christlichen Europas an.

Darwin kam in seinem nächsten, der Evolution des Menschen gewidmeten Buch, *The descent of man*, 1871 auf diese Abgrenzungsfrage zurück. Es hatte ja 1798 der englische Arzt Edward Jenner (1749–1821) die Kuhpockenimpfung eingeführt und Tausenden von Kindern das Leben gerettet. Darwin maß diesen medizinischen Fortschritt an seiner Theorie:

«Es ist Grund vorhanden, anzunehmen, dass die Impfung Tausende erhalten hat, welche in Folge ihrer schwachen Konstitution früher den Pocken erlegen wären. Hierdurch geschieht es, dass auch die schwächeren Glieder der zivilisierten Gesellschaft ihre Art fortpflanzen. Niemand, welcher der Zucht domestizierter Tiere seine Aufmerksamkeit gewidmet hat, wird daran zweifeln, dass dies für die Rasse des Menschen im höchsten Grade schädlich sein muss.» (1871; d. 1992b:148)

Sollte man also, um dem Bevölkerungszuwachs vorzubeugen, die Fortschritte der Medizin künftig unterbinden? Darwin war sich im Klaren, welche sozialpolitischen Folgen eine solche für ihn immerhin wissenschaftliche Aussage haben könnte. Was hinderte ihn daran?

«Die Hilfe, welche wir dem Hilflosen zu widmen uns getrieben fühlen, ist hauptsächlich das Resultat des Instinktes der Sympathie, welcher ursprünglich als ein Teil der sozialen Instinkte erlangt, aber später in der oben bezeichneten Art und Weise zarter gemacht und weiter verbreitet wurde. Auch können wir unsere Sympathie, wenn sie durch den Verstand hart bedrängt würde, nicht hemmen, ohne den edelsten Teil unserer Natur herabzusetzen. […]. Wir müssen daher die ganz zweifellos schlechte Wirkung des Lebenbleibens und der Vermehrung der Schwachen ertragen» (a.a.O.).

Er beruft sich auf eine angeborene, instinktive Sympathie, die als der «edelste Teil unserer Natur» sich vom Verstand doch nicht bedrängen lassen muss, sondern die «zweifellos schlechte Wirkung der Vermehrung der Schwachen» erträgt. Wieso dieser Instinkt gegen die harte Selektion uns von eben dieser Selektion angezüchtet worden ist, bleibt unbehandelt, ja ist ein unlogischer Widerspruch in sich selbst, sodass dem späteren Sozialdarwinismus damit eine wissenschaftlich objektiv erscheinende Argumentation zur Verfügung gestellt war. Die erste Übersetzerin von Darwins Hauptwerk ins Französische, Clémence Royer, vertrat in ihrem Vorwort 1862 offen eine naturalistische Ethik für die menschliche Gesellschaft in Unvereinbarkeit zur christlichen Humanität, woraufhin Darwin nach dieser Lektüre sie «die merkwürdigste und klügste Frau in Europa» nannte. Sie hatte erklärt, «that natural selection and the struggle for life will explain all morality, nature of man, politics etc.» (s. Harvey 1995:231f.).

Darwin ist hierin der große Zauderer geblieben, der sich nicht zwischen seiner Verstandesseele und seiner Gemütsseele entscheiden konnte. Die Auseinandersetzung mit Wallace tat der Freundschaft jedoch keinen Abbruch. Wallace stellte aber seine Gegenposition dazu in mehreren Schriften öffentlich heraus (z.B. 1891 u. 1913). Da er sich darin zu Ethik und Moralfragen äußerte und zunehmend offen für spirituelle Richtungen war, stellte ihn die Elite der Naturwissenschaftler bis heute ins Abseits. Der an sich verständliche Affekt gegen die inhaltlosen Angriffe der Anglikanischen Kirche führte eben zu einer solchen Polarisierung, dass die klare kategoriale Trennung von Natur und Kultur, die Wallace vornahm, dabei unterging. Diese unnötige Polarisierung ist bis heute auch in den westlichen Gesellschaften nicht abgebaut. Hätte Wallace die Priorität der Selektionstheorie für sich beansprucht, so hätten wir einen Wallacianismus bekommen. Dann wäre die gezielte Selektion von Menschen von der wissenschaftlichen Seite ohne Stütze geblieben und das 20. Jahrhundert geschichtlich anders verlaufen.

Die Einzelpflanze und das Einzeltier ist ein austauschbares Mitglied seiner Art, der einzelne Mensch nicht. Darauf beruhen die allgemeinen Menschenrechte jeder modernen Demokratie. Viele Totalitarismen, gleich ob politisch linker oder rechter Herkunft, berufen sich auf die Rechte des Stärkeren und setzen sie durch in dem Glauben, dass das Kollektiv wichtiger ist als das menschliche Individuum. Die Anwendung der Darwinischen Selektionslehre auf das Kollektiv Mensch macht bis heute den Sozialdarwinismus aus. In dem Maße, wie man Darwin selbst zum unvergleichlichen Genie heroisiert, wurde es politisch inkorrekt, ihn damit zu belasten, weshalb das Thema in diesem Jahr weithin ausgeschlossen bleibt.

Anfang der sechziger Jahre hat der Historiker Golo Mann das Problem darin gesehen, dass der deutsche Faschismus die Darwinsche Selektionstheorie nicht als eine reine Theorie belassen hat, sondern sie gesellschaftlich praktiziert hat. Das sei der Fehler gewesen. So lehnte auch Robert M. Young 1985 jeden Zusammenhang zwischen dem Darwinismus und der Gesellschaft ab: «There is no such thing as ‹the› connection between Darwinism and society.» Darwinismus ist eine Wissenschaft. Da Wissenschaft immer Gutes für die Gesellschaft gebracht hat und erbringt, sei Darwinismus – so Young –, weil wissenschaftlich, per se deshalb sozial.

Der Dortmunder Biologe Bernhard Verbeek hat gerade in einem Vortrag unter dem Titel «Ist Darwin schuld an Völkermord und Glaubenskriegen?» vorgebracht, dass nicht Darwin ein Vorbereiter Hitlers gewesen sei, sondern die Evolution als solche. «Das Genom ist skrupellos erfolgsorientiert», denn der Stärkere macht das Rennen. Nicht Darwin sei schuld, sondern der «Weltgeist», dessen brutale Einrichtung der Evolutionsfaktoren eben Darwin nur beschrieben habe. Hier wird nun das Malthus-Darwinsche Konzept als Inhalt des Weltgeistes deklariert, um alle Verursacher der Übertragung des Selektionsprinzips auf den Menschen endgültig zu exkulpieren. Ob nun der Geist des Egoismus der einzige Weltgeist ist, bleibt ausgeklammert.

Es gibt also derzeit viele akademisch aufgestellte Waschmaschinen, um die Weißwäsche an Darwins Fehlleistung der Anwendung seiner Theorie auf die menschliche Gesellschaft zu bewerkstelligen. Der Psychiater Joachim Baum hat kürzlich eine lesenswerte Recherche der tatsächlichen Faktenlage des Sozialdarwinismus vorgelegt, ohne in das andere unsinnige Extrem zu verfallen, die gemeinsame Evolution aller Organismen abzulehnen.

Wie stark gesellschaftsbedingt schon in ihrer Entstehung Darwins militaristische Interpretation der Evolution war, hat 1995 Daniel Todes ausgeführt. Jenem ging ja in England die erste industrielle Revolution mit der Erfindung der Dampfmaschine voraus. Sie führte zu einer solchen Hebung des Lebensstandards, dass viel mehr Kinder als bisher aufwuchsen. Es wurde eng auf der Insel, und das Auswandern in die englischen Kolonien war an der Tagesordnung. Anders im osteuropäischen Raum, wo damals mehr noch als heute große Gebiete Russlands noch dünn bevölkert waren und man tagelang reiste, bis man das nächste Dorf erreichte. In England lebte eine Verdrängungsgesellschaft, und aus diesem gesellschaftlichen Lebensgefühl schrieben Malthus, Adam Smith und Darwin. Die russischen Biologen Karl F. Kessler und Peter A. Kropotkin hingegen schrieben ihre Bücher z.B. über *Die gegenseitige Hilfe im Tierreich* und favorisierten die Symbiosetheorie in der Evolution. Die kyrillische Schrift tat ein Übriges, dass das russische Schrifttum aus dieser Zeit im Westen weitgehend unbekannt blieb und erst jetzt übersetzt vorliegt (z. B. Khakhina 1992).

Der englische Biologe Robert J. Berry hat 1996 das Problem so gelöst, dass Darwin seine Kampftheorie «struggle for life» nachweislich von dem befreundeten Philosophen Herbert Spencer (1820–1903) übernommen hat, welcher vom «struggle for existence» sprach. Also sei Darwin nicht der Verursacher, sondern Spencer. Es gäbe den Sozialspencerianismus, aber keinen Sozialdarwinismus. Bowler (1995) hat hinwiederum versucht, Spencer zu entlasten. Weil dieser Lamarckist gewesen ist, handele es sich um einen Soziallamarckismus.

Zu Darwins 200. Geburtstag am 12. Februar 2009 brachte die führende englische Zeitschrift ein Editorial unter dem Titel «Humanity and evolution». Es wird darin auf den Beitrag im gleichen Heft von Adrian Desmond und James Moore «Darwins's sacred cause» aufmerksam gemacht, der Darwins Abscheu gegen die Versklavung von Menschen, wie er sie auf seiner Weltreise erlebt hat, hervorhebt:

«I thank God, I shall never again visit a slave-country.» In dem Dankgefühl, mit diesem Elend nicht mehr konfrontiert zu werden, beließ er es. Der Kommentar dazu in *Nature*: »His ideas always had, and were meant to have, a social dimension.»

Nun wird man einem gesunden Patriotismus nicht widersprechen wollen. Aber der innere Konflikt, ja Darwins seelische Gespaltenheit zwischen seinem nüchternen Verstand und seiner empfindsamen Seele durchsetzt heute noch alle Gesellschaftsformen, die sich auf ihn berufen.

Wie kann der Begriff der *Selektion* heute ins Rechte gedacht werden? Er fordert sich selbst wegen der potenziell unermesslichen Produktivität des Lebens. Ein Bakterium teilt sich bei passenden Bedingungen alle zehn Minuten, sodass in einer Stunde $2^6 = 64$, nach zwei Stunden 4096, nach drei Stunden 262.144 Bakterien entstehen können. Wie viele sind es nach einem Tag? – Stubenfliegen zeitigen im Jahr sieben Generationen, wobei jedes Weibchen etwa 120 Eier legt, welche zur Hälfte wieder Weibchen werden. Das macht in einem Jahr $60^7 = 5{,}6$ Billionen Stubenfliegen und bei einem Gewicht von 14 Milligramm rund

78.000 Tonnen. Im zweiten Jahr wären es 19 Billiarden Tonnen (wie viele Einzelfliegen?). Ein Bandwurm bringt es im Laufe seines Lebens auf 100 Millionen Eier, ein Karpfen noch auf 50 Millionen. Ein Mäusepaar kann sich schon nach vier Monaten mit Kindern und Kindeskindern auf 150, in zehn Monaten auf 2.500 Tiere vermehren. Optimale Bedingungen vorausgesetzt, so wären in solch exponentialem Wachstum die astronomischen Weiten des ganzen Kosmos in kurzer Zeit davon ausgefüllt. Dem ist nicht so, weil alle Überproduktion zugleich die Nahrung für andere Organismen, letztlich für die abbauende Tätigkeit der heterotrophen Bakterien, darstellt. Diese sind ihrerseits wie Fliegen, Mücken, Fische und Mäuse bekanntlich besonders beliebte Nahrung für Einzeller, Vögel, Robben, Marder, Füchse usw.

Hier findet gar nicht ein bedauernswertes Sterben im Sinne des Menschen statt, weil jedes Glied seiner Art durch ein anderes Glied ersetzt werden kann – beim Menschen jedoch qualitativ nie. Den individuellen, unersetzlichen echten Tod gibt es nur beim Menschen (Steiner GA 61:414). Oder erst dann in der Natur – so dürfen wir fortsetzen –, wenn eine ganze Art oder der ganze Ökoorganismus einer Großlandschaft vernichtet wird. Erst dagegen wendet sich mit hohem Recht jeder echte Naturschutz.

Die Bedeutung und Rolle der *Selektion* wird aber erst ganz ersichtlich, wenn man nicht nur sie für den gesunden Bestand der Organismen auf der Erde im Blick hat und auch nicht nur ihre Wirkung im Evolutionsgeschehen sieht, sondern wenn man auf sie selbst das Denken in Evolution anwendet. Wie hat sich das Selektionsgeschehen selbst im Laufe der Lebensentwicklung auf der Erde verändert?

In der physikalischen Zeit gemessen, bestand das Leben vor ca. 4 bis 2 Milliarden Jahren, also der Hälfte der uns bekannten

Evolutionszeit, nur aus zellkernlosen Prokaryonten (assimilierende und dissimilierende Bakterien). Der Stoffumsatz fand weitgehend zwischen den Mikroben im extrazellulären Raum statt, und zwar so gewaltig, da sie nicht nur die Zusammensetzung der Atmosphäre und der Hydrosphäre der Erde bestimmten, sondern auch, wie wir zunehmend genauer wissen, der Lithosphäre. Die frühen präkambrischen Erzlager (z.B. die Bändereisenerze, Nickel- und sogar Gold- und Uranlager) sind biogenen Ursprunges ähnlich wie alle Kalkgebirge der Erde (Pflug 1984). Die Komposition der Bakteriengesellschaften wurde durch die Außenselektion untereinander bestimmt. Dabei war, je früher desto mehr, der horizontale Gentransfer normal (Schad 2001, 2008, Simon 2008). Wenn man die heute gültige Artdefinition ernst nimmt, nämlich dass zu einer Art alle Individuen gehören, die innerhalb eines Genpools ihre Gene austauschen können, so war damals die gesamte Biosphäre der Erde *eine* Art: die «Mutter Erde», aus deren Genpool durch genetische Abgrenzung sich alle anderen Arten entwickelt haben.

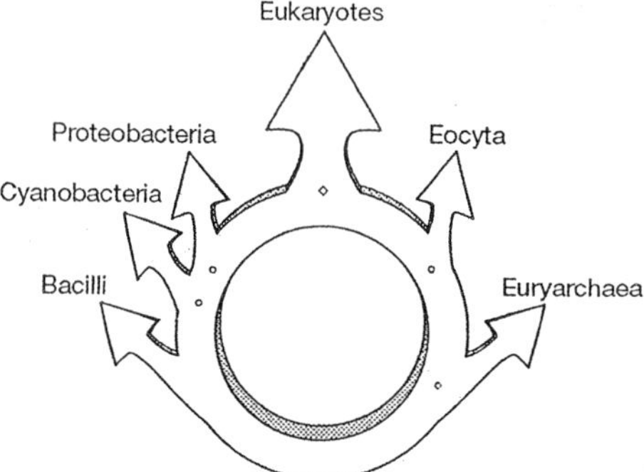

Abb. 1: Im Ring des Lebens aus der Frühzeit der Erde wurden noch alle Gene unter allen kernlosen Zellen unbegrenzt ausgetauscht. Durch stufenweise genetische Abgrenzungen bildeten sich die einzelnen Bakteriengruppen heraus und durch genetische Fusionen die höheren, zellkernhaltigen Zellen (Eukaryotes). (Aus Rivera und Lake 2004)

Der neueren Molekularbiologie verdanken wir die Beschreibung dieses genetischen Ringpools, von dem sich dann erst durch genetische Schranken zunehmend die einzelnen Evolutionsströme abzweigten (Martin et al. 2004), insbesondere durch Hereinnahme anderer Prokaryonten als eine Endocyto-Symbiose in die eukaryonte Zelle ab ca. 2 Millionen Jahre.

Damit wurden wichtige Selektionsprozesse in den innerzellularen Raum einbezogen, indem das Golgisystem Vesikel mit Proteasen zur Verdauung von Fremd- und Eigensubstanz bilden konnte und mit den Lysosomen sogar die Selbstauflösung vorbereiten konnte. Die Extraselektion wurde zunehmend zur Intraselektion, wie es schon 1881 der Begründer der Entwicklungsphysiologie, Wilhelm Roux (1850–1924), formulierte. Auch wenn er dabei Darwins biologischen Militarismus nun auch in die Zellen, Gewebe, Organe und den Organismus als ganzen verlegte, machte er damit auf die evolutive Internalisierung und Autonomisierung der thanatologischen Vorgänge aufmerksam.

Die Fakten sprechen ausgiebig davon. Pflanzen bilden im Wachsen, wenn ein Organ nicht ausreicht, ein neues hinzu: Blatt nach Blatt, Zweig neben Zweig, Wurzel nach Wurzel. Tiere hingegen können einen zu kleinen Knochen punktuell durch Knochenfresszellen (Osteoklasten) wieder auflösen, um ihn größer zu bauen, so auch jedes Weichorgan. Nur was vom Blutsystem nicht mehr erreicht wird, wie Krebs- und Insektenpanzer, Schlangenhaut, Geweihe und Zahnkronen, wird abgeworfen und als Ganzes neugebildet. Die partiellen Abbauprozesse sind ansonsten nach innen verlagert.

Eine Internalisation der Todesvorgänge zeigt gerade auch das Nervensystem, indem es die stoffwechselminimierten Markscheiden evolutiv zunehmend entwickelte. Immer mehr graue (vegetative) Fasern wurden zu weißen Nervenleitungen. Auf dieser Herablähmung beruht physiologisch die Bewusstseinsbildung (Schad 1992). Es war schon 1869 Carl Fortlage, welcher erstmals herausstellte, dass die Beseelung nicht einer physiologischen Verstärkung, sondern Verminderung entspringt. Heute können wir ergänzen: Alle Einzeller und Pflanzenzellen besitzen die potenziell unbeschränkte Teilungsfähigkeit, die «potenzielle Unsterblichkeit». Alle Tiere gehen der höchsten biologischen Leistung, der Photosynthese, verlustig und müssen sich somit ausschließlich von anderer organischer Substanz ernähren. Sie vollziehen gerade damit einen hohen Anteil der Extraselektion, der ja innerhalb des Ökoorganismus aber zugleich auch dessen Intraselektion darstellt. Sie erst bilden den Weismannschen Gegensatz von Keimbahn (potenziell unsterblich) und Soma (immer sterblich) aus. Ihre seelische Empfindungsfähigkeit erwacht gerade an der Somatisierung ihres prinzipiell sterblich gewordenen Leibes. Nur das Keimbahngewebe bleibt im obigen Sinne «pflanzlich», sodass wir hier durchaus mit Recht immer von Fort-pflanzung sprechen können.

Die emotionale Welt der Empfindungen und die sich daran entzündende Begierdennatur besitzt der Mensch mit den Tieren gemeinsam. Er wird über den Tierstatus hinaus zu einem Kulturwesen, indem er in diesem Emotionalbereich sich eine Intraselektion zulegt. Wissenschaft, Kunst und/oder Religion zu betreiben beinhaltet immer auch eine Fähigkeit zu partieller Askese. Diese erlebt die Empfindungsebene oft als schmerzhaften Krieg mit sich selbst. Aber in dem Ausmaße, als im innerseelischen Raum nicht dieser Krieg mit sich selbst geführt wird, werden die kulturellen Auseinandersetzungen nicht mehr human gelöst, sondern durch äußere Kriege. Diese sind die durch innerseelische Verdrängungen verursachten Ausweichschlachtfelder. Man kann es ganz knapp formulieren: In dem Maße, wie die seelisch-geistige Intraselektion nicht stattfindet, findet die physische Extraselektion statt. Kriege sind die Indikatoren nicht erfolgter innerer Kriege. Nicht auf fortwährend weltweite Friedensdeklamationen kommt es an, sondern auf den sinnschaffenden Ausgang des Meinungsstreites in der eigenen Brust, um dann einsichtig wirksam werden zu können.

Kehren wir zurück zu Darwins Dilemma bei der Anwendung der Pockenimpfung. Soll man der Bevölkerungsexplosion der Menschheit auf der begrenzten Erde dadurch beikommen, dass man die Einführung der modernen Medizin und die finanzielle Entwicklungshilfe dort unterbindet, wo die Wachstumsrate am höchsten ist? Dann würden Seuchen und Hungersnöte, wie früher ja schon immer, die natürliche Regulation ersetzen. Der alte Konrad Lorenz (1988) war noch dafür, weil er öffentlich seine Sympathie für die Aids-Pandemie bekundete. Oder soll man die Stammeskriege zulassen, wie in Ruanda geschehen, und sich nach genozidhafter Dezimierung politisch korrekt dafür entschuldigen, nicht eingegriffen zu haben, wie es Bill Clinton später bei seinem Besuch dort 1998 gemacht hat? Gegen diesen Barbarismus helfen jedoch auch nachhaltig keine bloßen Nahrungsmittelimporte, Finanzspritzen und medizinische Einsätze, so sehr sie im Moment dem Einzelnen beistehen. Denn das einzige Mittel, das greift, ist die Hebung des *Bildungsstandards,* und zwar ganz besonders der Frauen. Überall, wo das auf der Welt geschieht, normalisieren sich die Geburtenraten nachweislich. Die Extraselektion früherer Zeiten muss durch eine kulturelle Förderung der Frauen abgelöst werden, die sie und damit die Familienstrukturen zu einer kulturellen Intraselektion in freier Entscheidung veranlasst.

Die physische Selektion hat sich im Laufe der Evolutionsgeschichte zunehmend zu einer biologischen, dann zu einer seelischen Selektion evolutiv verändert, um sie im inneren Streit mit sich selbst zur von diesen sich befreienden geistigen Selektion im eigenen Inneren weiterzuführen. Heute brauchen wir mehr denn je nicht bloße Harmonisierungs- und Friedensprogramme, sondern eine positive Streitkultur mit sich selbst um das Humanum, worauf auch die Natur wartet.

Die Extraselektion ist immer mehr zur Intraselektion geworden. Das sah Charles Darwin noch nicht. Aber er hat mit seiner Selektionstheorie den Anstoß dafür gegeben, dass wir nicht allein mit der Lebenskunde, der Biologie, auskommen, sondern eine sie notwendig ergänzende positive Todeskunde, eine Thanatologie, benötigen.

Wir fassen zusammen. Die medizinische Forschung hat in den letzten Jahrzehnten eine wichtige Unterscheidung getroffen: Zelltod ist nicht einfach gleich Zelltod. Es gibt den schädlichen Zelltod, die «Nekrose», und es gibt den reinigenden gesunden Zelltod, die «Apoptose» im Einzelorganismus. Das vorzeitige Ausscheiden der Mehrzahl der Nachkommen der meisten Arten ist die gesunderhaltende «Apoptose im Ökoorganismus».

Der Mensch hat sich von dieser Extraselektion zunehmend biologisch und kulturell unabhängig gemacht. Jeder bedarf der Verwirklichung der allgemeinen Menschenrechte. Alle außermenschlichen Organismen bedürfen ihrerseits eines allgemeinen, weltweiten Verbots jedes Artentodes in allen Staatsverfassungen der Erde ebenso wie das volle Lebensrecht für jeden einzelnen Menschen. Hier geben wir wissenschaftshistorisch Alfred Russell Wallace recht und nicht Charles Darwin. Hätte Wallace auf der ihm formal zukommenden Priorität bestanden und hätten wir einen Wallacianismus bekommen, so wäre dem 20. Jahrhundert viel erspart geblieben.

Literatur

Bauer, J.: *Prinzip Menschlichkeit. Warum wir von Natur aus kooperieren.* (Heyne) München [2]2008.

Berry, R. J.: «Evolution mit und ohne Grenzen.» In: Weizsäcker, E. U. v. (Hrsg.): *Grenzen-los?* (Birkhäuser) Berlin, Basel, Boston 1997.

Blyth, E.: *An attempt to classify the varieties of animals.* 1835.

Bowler, P. J.: *The Non-Darwinian Revolution. Reinterpreting a historical myth.* (John Hopkins U. Pr.) Baltimore, London [1]1988, [2]1992.

– : Herbert Spencers «Idee der Evolution und ihre Rezeption.» In: Engels, E.-M. (Hrsg.): *Die Rezeption von Evolutionstheorien im 19. Jahrhundert.* (Suhrkamp tb 1229) Frankfurt a. M. 1995.

Chambers, R.: *Vestiges of the natural history of creation.* London [1]1844, [2]1853:155.

Darwin, C.: *On the origin of species by means of natural selection.* London 1859.

– : *The descent of man, and selection in relation to sex.* 2 Bde. 1871.

– : *Autobiographie* (1876–1881). (Urania) Leipzig, Jena 1959.

Darwin, E.: *Zoonomie oder die Gesetze des organischen Lebens.* 2 Bde. 1794, 1796.

Desmond, A. u. Moore, J.: Darwin's sacred cause. In: *Nature* 457 (7231): 792f., 12.2.2009. Sowie Editorial:763.

Engels, E.-M. (Hrsg.): *Die Rezeption von Evolutionstheorien im 19. Jahrhundert.* (Suhrkamp tb 1229) Frankfurt a. M. 1995.

Haeckel, E.: Freie Wissenschaft und freie Lehre. (1878). In: Ders.: *Gemeinverständliche Werke*, Bd. 5, S. 196-290. (Kröner) Leipzig und (Henschel) Berlin 1924.

Hauff, H.: *Vermischte Schriften.* Bd. 1: *Skizzen aus dem Leben der Natur.* Stuttgart, Tübingen 1840.

Kessler, K. F.: O zakone vzaimnoi pomoshchi. In: *Trudy-Sankt-Petersburg-skogo Obshchestava Estestvoispytatelei.* Bd. II(1), S. 124-135. 1880.

Khakhina, L. N.: *Concepts of Symbiogenesis. A Historical and Critical Study of the Research of Russian Botanists.* (Yale Univ. Press) New Haven, London 1992.

Kohlbrugge, J. H. F.: War Darwin ein originelles Genie? In: *Biologisches Zentralblatt* 35:93-111.1915.

Kropotkin, P.: *Mutual Aid. A factor of evolution*. 1902.
Kutschera, U.: Darwin hat die Biologie befreit. In: *Rheinischer Merkur* 2:7; 8.1.2009.
La Mettrie, J. O. de: *Systéme d'Epicure*. 1750.
Lorenz, K.: in *Natur* Nr. 11. München 1988.
Malthus, T. R.: *An essay on the principle of population and a summary view of the principle of population*. London 1798. Deutsch: *Eine Abhandlung über das Bevölkerungsgesetz*. Jena 1925.
Martin, W. u. Embley, T. M.: Early evolution comes full circle. In: *Nature* 431:134; 9.9.2004.
Matthew, P.: *On naval timber and arboriculture*. (Longmans) London 1831.
Maupertuis, P. L. M. de: *Dissertation physique à l'occasion du nègre blanc*. Lyon 1756.
Mayr, E.: Darwin's five theories of evolution. In: Kohn, D. (Hrsg.): *The Darwinian Heritage*. (Princeton Un. Press) Princeton 1985.
Pflug, H.: *Die Spur des Lebens. Paläontologie – chemisch betrachtet*. (Springer) Berlin etc. 1984.
Pinter, T.: *Nachklänge zum Darwinjubiläum*. Wien 1910.
Potonié, H.: Aufzählung von Gelehrten, die in der Zeit von Lamarck bis Darwin sich im Sinne der Descendenz-Theorie geäußert haben. In: *Naturwissenschaftliche Wochenschrift* 5 (45):441-445. 1890.
Rivera, M. C. u. Lake, J. A.: The ring of life provides evidence for a genome fusion origin of eukaryote. In: *Nature* 431:152-155.
Roux, W.: *Der Kampf der Teile im Organismus*. Leipzig 1881.
Schad, W.: Zum Todesgeschehen in der Natur. Eine Seite des Darwinismus. In: *Die Drei*, Jg. 40, Heft 2, S. 66-75. Stuttgart 1970. Wiederabdruck in Schad, W. (Hrsg.): *Goetheanistische Naturwissenschaft Bd. 1: Allgemeine Biologie*. S. 113-125. (Verl. Freies Geistesleben) Stuttgart 1982.
– : Das Nervensystem und die übersinnliche Organisation des Menschen. In: Schad, W. (Hrsg.): *Die menschliche Nervenorganisation und die soziale Frage*, Teil 1, S. 267-338. (Verl. Freies Geistesleben) Stuttgart 1992.
– : *Die Zeitintegration als Evolutionsmodus*. Habilitationsschrift Univ. Witten/Herdecke 1997 (Im Druck, Joh. M. Mayer Verlag) Stuttgart.
– : Evolutionsbiologie heute. Zum Darwinjahr 2009. In: *Jahrbuch für Goetheanismus*, S. 7-37. Niefern-Öschelbronn 2008.

–: *Säugetiere und Mensch. Studien zur Gestaltbiologie.* (Verl. Freies Geistesleben) Stuttgart [1]1971, [2]2010.

– : Transgene und klonende Züchtungen in evolutionsbiologischer Sicht. In: *Biologisch-dynamische Landwirtschaft in der Forschung.* S. 177-189. (Verl. Lebendige Erde) Darmstadt 2001.

Schmidt, R.: *Die Darwinschen Theorien und ihre Stellung zur Philosophie, Religion und Moral.* (Moser) Stuttgart 1876.

Simon, M.: Aspekte zu einer goetheanistischen Mikrobiologie. In: Pleštil, D. u. Schad, W. (Hrsg.): *Naturwissenschaft heute im Ansatz Goethes.* S. 134-154. (Verl. Joh. M. Mayer) Stuttgart 2008.

Todes, D.: Darwins malthusische Metapher und russische Evolutionsvorstellungen. In: Engels, E.-M. (Hrsg.): *Die Rezeption von Evolutionstheorien im 19. Jahrhundert.* S. 281-308 (Suhrkamp tb 1229) Frankfurt a. M. 1995.

Varmus, H.: Reverse Transkription. In: *Spektrum der Wissenschaft*, H. 11, S. 112-119. Heidelberg 1987.

Verbeek, B.: *Ist Darwin schuld an Völkermord und Glaubenskriegen?* Kolloquium ‹Biologie und Gesellschaft› an der Universität Dortmund. Vortrag vom 29.6.2009.

Wallace, A. R.: *On the tendency of varieties to depart indefinitely from the original type.* 1858.

– : *Der Darwinismus.* (Vieweg) Braunschweig 1891.

– : *Social environment and moral progress* (1913). (Kessinger Pub) 2007.

Weismann, A.: *Die Kontinuität des Keimplasmas als Grundlage einer Theorie der Vererbung.* Jena 1885.

– : *Das Keimplasma.* 1892.

Young, R. M.: «Darwinism *is* social.» In: Kohn, D. (Hrsg.): *The Darwinian Heritage.* S. 609-638. (Princeton U. Press) Princeton 1985.

Über die Autoren

Dr. Jörg Ewertowski wurde 1957 in Zweibrücken geboren. Nach einer Ausbildung zum Goldschmied studierte er Philosophie, Germanistik und Theologie in Frankfurt. In seiner Dissertation *Die Freiheit des Anfangs und das Gesetz des Werdens* beschäftigte er sich mit der Idee des Schöpferischen bei F. W. J. Schelling. Er leitet die Rudolf-Steiner-Bibliothek in Stuttgart (www.rudolf-steiner-bibliothek.de), hält Vorträge und Seminare.

Dr. Ruth Ewertowski, geboren 1963 in Frankfurt am Main, studierte Germanistik, Philosophie und Anglistik und promovierte über das Thema des Außermoralischen. Sie war in einer Werbeagentur, als Lektorin und Redakteurin tätig. Freie Autorin und Mitarbeit in der Rudolf-Steiner-Bibliothek in Stuttgart. Zur Zeit arbeitet sie an einem Projekt über *Literatur und Einweihung.*

Buchveröffentlichungen: *Judas. Verräter und Märtyrer*, Stuttgart 2000; *Das Opfer. Zwischen Schicksalsschlag und heiliger Handlung,* Stuttgart 2005.

Prof. Dr. Manfred Krüger wurde 1938 in Köslin (Pommern) geboren. Abitur in Ansbach. Er studierte Philosophie, Germanistik und Romanistik in Heidelberg und Tübingen und promovierte mit einer Arbeit über Gérard de Nerval. Er unterrichtete an der Universität Erlangen, dem Institut für Waldorfpädagogik Witten-Annen, der Fachhochschule Ottersberg und dem Seminar für Geisteswissenschaft Nürnberg der Anthroposophischen Gesellschaft.

Buchveröffentlichungen zu Philosophie, Literatur und Kunst: *Ichgeburt* (1996); *Das Ich und seine Masken* (1997); *Die Verklärung auf dem Berge* (2003); *Michael* (2007); *Novalis* (2008); *Der Güter Gefährlichstes* (2009); *Albrecht Dürer. Mystik, Selbsterkenntnis, Christussuche* (2009).

Prof. Dr. Wolfgang Schad, geboren 1935 in Biberach, Schulbesuch zuerst in Hildesheim, ab 1946 Waldorfschule Wuppertal; studierte Biologie, Chemie und Pädagogik in Marburg, München und Göttingen. Er war Waldorflehrer in Pforzheim und ab 1975 Dozent am Seminar für Waldorfpädagogik in Stuttgart; ab 1992 Aufbau des Instituts für Evolutionsbiologie mit Promotion und Habilitation an der Universität Witten/Herdecke. Seit 2005 emeritiert.

Buchveröffentlichungen u.a.: *Erziehung ist Kunst* (1994), *Goethes Weltkultur* (2007), *Die verlorene Hälfte des Menschen* (2008), *Säugetiere und Mensch* (Neuauflage 2010).

Prof. Dr. Jost Schieren, geboren 1963 in Duisburg, studierte in Bochum und Essen Philosophie, Germanistik und Kunstgeschichte. Gaststudium in Ann Arbor (Michigan, USA). 1997 promovierte er mit dem Thema *Anschauende Urteilskraft. Methodische und philosophische Grundlagen von Goethes naturwissenschaftlichem Erkennen*. Von 1996 bis 2006 war er Deutsch- und Philosophielehrer an der Rudolf-Steiner-Schule in Dortmund, von 2004 bis 2008 wissenschaftlicher Mitarbeiter an der Universität Paderborn. Seit 2006 ist er Visiting Professor am Rudolf-Steiner-University-College in Oslo und seit 2008 Professor für Schulpädagogik mit dem Schwerpunkt Waldorfpädagogik an der Alanus-Hochschule Alfter.

Dr. Thomas Schmidt, geboren 1934 in der Altmark, studierte Physik und Astronomie in Kiel und Göttingen; dort promovierte er 1961 in Sonnen-Physik. Ab 1962 war er an der Landessternwarte Heidelberg, später am dortigen Max-Planck-Institut für Astronomie tätig. Seit 1965 ist er Mitglied des Sektionskollegiums der naturwissenschaftlichen Sektion am Goetheanum in Dornach.

In den Jahren 1967 bis 1976 Beobachtungen am Südhimmel von Südafrika, Namibia und Chile aus. 1970 Habilitation, ab 1974 Tätigkeit als Waldorflehrer in Frankfurt, ab 1984 in Bielefeld; seit 1999 im Ruhestand. Von ihm erschien: *Astronomie, Kosmologie, Evolution. Die Gestensprache des Kosmos* (Stuttgart 2004).

Arnold Suckau, wurde 1927 in Essen geboren. Studien in evangelischer Theologie und am Priesterseminar der Christengemeinschaft in Stuttgart. Er war in verschiedenen Gemeinden, zuletzt in Bonn-Bad Godesberg, als Pfarrer tätig und Dozent am Priesterseminar Stuttgart.

Veröffentlichungen zu anthroposophischen Themen: Schwerpunkt Credo und Weltreligionen. So mit Adolf Müller *Werdestufen des christlichen Bekenntnisses* (1974) und mit Helmuth Haug *Zur Frage der Christlichkeit der Christengemeinschaft* (2004).